PARTIE 1

AF834694

INTRODUCTION A ISO/IEC 27001:2022

POUR LES PETITES ENTREPRISES

Guide essentiel pour l'établissement et la mise en œuvre d'un Système de management de la sécurité de l'information (SMSI)

APPLICABLE À L'ENSEMBLE DES SECTEURS D'ACTIVITÉ

DR. WILLIAM F. HARRINGTON

PARTIE 1 :

INTRODUCTION A ISO/IEC 27001:2022 POUR LES PETITES ENTREPRISES

Guide essentiel pour l'établissement et la mise en œuvre d'un Système de management de la sécurité de l'information (SMSI) applicable à l'ensemble des secteurs d'activité.

Dr. William F. Harrington

À celles et ceux qui ont parcouru ce chemin à mes côtés, partageant les défis comme les réussites, ce kit vous est dédié.
Votre soutien indéfectible, votre confiance en ma vision et vos encouragements constants ont été la boussole qui a guidé ma route.
Je vous remercie d'avoir été une partie essentielle de cette aventure.

AVERTISSEMENT

Ce travail a été initialement rédigé et publié en langue anglaise. Cette version française, y compris la présente remarque, a été générée à l'aide d'un outil d'intelligence artificielle, puis révisée par un linguiste professionnel. Malgré le plus grand soin apporté à l'exactitude et à la clarté de la traduction, l'auteur décline toute responsabilité en cas d'interprétations erronées ou de divergences éventuelles entre cette édition et le texte original en anglais.

La version originale en anglais reste la référence principale pour toutes les interprétations conceptuelles et techniques de la terminologie et du contenu liés aux normes ISO.

Rédigé par **Dr. William F. Harrington**

Dr. William F. Harrington

Dr. William F. Harrington est un expert distingué dans les normes ISO et l'excellence opérationnelle, avec plus de 25 ans d'expérience dans l'accompagnement des organisations à travers des transformations complexes et des initiatives de conformité. En tant que fondateur de Harrington Consulting, le Dr Harrington se spécialise dans la mise en œuvre, l'audit et l'amélioration continue des normes ISO, y compris ISO 9001, ISO 27001, ISO 14001 et ISO 45001. Son expertise permet aux entreprises de rationaliser leurs processus, améliorer leur conformité et favoriser l'innovation grâce à un alignement stratégique avec des normes internationales reconnues.

En plus de son travail de consultant, le Dr Harrington est un éducateur et formateur accompli, animant des ateliers ISO personnalisés pour les équipes de direction et le personnel opérationnel. Son enseignement se concentre sur l'équipement des leaders avec les connaissances et les compétences nécessaires pour intégrer efficacement les normes ISO dans leurs organisations.

CERTIFICATIONS CLÉS:

Certification	Norme/Domaine
Auditeur principal certifié	ISO 9001 (Management de la qualité), ISO 27001 (Sécurité de l'information), ISO 45001 (Santé et sécurité au travail), ISO 14001 (Management environnemental), ISO 22301 (Management de la continuité des activités)
Expert certifié	ISO 31000 (Gestion des risques), ISO 50001 (Management de l'énergie), ISO 37001 (Systèmes de management anti-corruption)
Formateur certifié	Mise en œuvre et audit des normes ISO 9001, ISO 27001, ISO 14001 et ISO 45001

DISTINCTIONS NOTABLES:

Prix	Description
Prix d'excellence ISO	Pour ses contributions à la certification ISO
Prix de leadership mondial	Décerné par l'Organisation internationale de normalisation (ISO)
Top 50 des experts ISO mondiaux	Pour son leadership dans les normes ISO

Academy IQC Vienna

Bienvenue à l'Académie IQC Vienna — votre centre d'apprentissage en ligne innovant et de ressources pour améliorer la gestion de la qualité, la conformité ISO 9001:2015 et la performance des entreprises grâce à des cours sur mesure, des e-formulaires et du coaching.

Service	Description	Lien
E-Workshop	Participez à des e-ateliers interactifs offrant une formation approfondie sur les normes ISO, la gestion de la qualité et la gestion des risques. Engagez-vous dans des exercices pratiques.	https://academy.iqc-vienna.com/e-workshop/
E-Coaching	Bénéficiez d'un coaching personnalisé auprès d'experts de l'industrie. Que vous ayez besoin de conseils sur la certification ISO, la préparation aux audits ou l'optimisation des processus.	https://academy.iqc-vienna.com/e-coaching/
Online Courses	Profitez de nos cours en ligne à votre rythme, conçus pour vous aider à maîtriser les normes ISO, améliorer la gestion de la qualité et développer les compétences nécessaires.	https://academy.iqc-vienna.com/online-courses/
Documentation Kits	Rationalisez votre mise en œuvre de l'ISO 9001 avec des kits de documentation complets, incluant des modèles pour les politiques, les procédures et les formulaires.	https://academy.iqc-vienna.com/documentation-kits/

INTRODUCTION DU LIVRE :

ISO 9001 : Guide Pratique du Management de la Qualité et des Audits Internes est une ressource complète conçue pour accompagner les organisations dans la mise en œuvre et le maintien d'un **Système de Management de la Qualité (SMQ)** conforme à la norme **ISO 9001 :2015**.

Ce livre propose une approche claire et pragmatique pour comprendre les exigences de la norme, se préparer aux audits internes et instaurer une culture d'**amélioration continue**. Que vous découvriez le management de la qualité ou que vous souhaitiez optimiser vos processus existants, cet ouvrage vous offre des **conseils pratiques**, des **outils concrets** et des **ressources utiles** applicables à tous les secteurs d'activité.

POURQUOI CHOISIR CE LIVRE :

- **Couverture complète :** Ce guide aborde tous les aspects de la norme ISO 9001, des **principes fondamentaux du management de la qualité** aux **détails des audits internes**, en passant par la **gestion des actions correctives** et l'**amélioration continue**.
- **Outils et modèles pratiques :** Il met à votre disposition des **modèles, listes de vérification et outils** facilitant la mise en œuvre, le suivi et l'évaluation de votre SMQ.
- **Études de cas concrètes :** Grâce à des exemples et cas pratiques, découvrez comment des organisations ont appliqué avec succès les principes de l'ISO 9001 pour renforcer leurs systèmes de qualité.
- **Avis d'experts :** Bénéficiez des **conseils de spécialistes** sur la gestion des défis liés à la mise en œuvre, à la conduite d'audits internes efficaces et au maintien d'une conformité durable.

À QUI S'ADRESSE CE LIVRE :

- **Praticiens de l'ISO 9001 :** Pour les professionnels déjà familiarisés avec la norme et désireux d'approfondir leurs connaissances en matière d'audit interne et de management de la qualité.

- **Responsables Qualité et Auditeurs :** Ce guide leur permettra de mieux comprendre les exigences de la norme et de perfectionner leurs méthodes d'audit.
- **Dirigeants et décideurs :** Les dirigeants souhaitant améliorer l'efficacité opérationnelle, la satisfaction client et obtenir la certification ISO 9001 y trouveront une référence précieuse.
- **Petites et Moyennes Entreprises (PME) :** Idéal pour les organisations de taille moyenne ou réduite cherchant à mettre en place un SMQ conforme à l'ISO 9001 de manière **progressive et rentable**.

TABLE DES MATIERES

INTRODUCTION A L'ISO/IEC 27001:2022 POUR LES PETITES ENTREPRISES

Dans le paysage numérique actuel, la protection des informations sensibles revêt une importance cruciale. Face à l'augmentation des cybermenaces et des violations de données, les entreprises, quelle que soit leur taille, doivent accorder la priorité à la sécurité de l'information. L'ISO/IEC 27001:2022 constitue la norme internationale pour l'établissement, la mise en œuvre, le maintien et l'amélioration continue d'un Système de management de la sécurité de l'information (SMSI). Elle fournit aux organisations un cadre structuré permettant de protéger leurs données, en garantissant leur confidentialité, intégrité et disponibilité.

Cet ouvrage s'adresse spécifiquement aux petites entreprises qui ne disposent pas toujours des ressources des grandes organisations, mais qui ont néanmoins besoin de protocoles de sécurité robustes pour protéger leurs informations critiques. L'ISO/IEC 27001:2022 propose une approche flexible et évolutive, rendant la norme accessible et pertinente même pour des entreprises disposant de compétences techniques limitées.

POURQUOI CHOISIR CET OUVRAGE ?

1. **Adapté aux petites entreprises :** Nombreuses sont les petites entreprises qui se sentent dépassées par la complexité des cadres de sécurité de l'information. Ce livre simplifie l'ISO/IEC 27001:2022 en proposant un guide étape par étape pour permettre aux petites organisations de mettre en œuvre la norme, même avec des ressources limitées.
2. **Vue d'ensemble complète :** L'ouvrage offre une compréhension approfondie de l'ISO/IEC 27001:2022, couvrant ses principes fondamentaux, ses exigences et ses processus de mise en œuvre, tout en veillant à ce que le contenu reste digeste et exploitable pour les petites entreprises.
3. **Approche pratique :** Contrairement aux manuels techniques traditionnels, ce livre privilégie des conseils pratiques et des exemples concrets, permettant aux lecteurs de mettre en place un SMSI adapté à leurs besoins spécifiques. Il

inclut des étapes opérationnelles, des modèles et des listes de contrôle pour chaque phase du processus de mise en œuvre.

À QUI S'ADRESSE CET OUVRAGE ?

1. **Dirigeants et responsables de petites entreprises :** Les entrepreneurs et décideurs responsables de la protection des données de leur organisation trouveront dans ce livre un outil précieux. Il leur fournit les connaissances nécessaires pour piloter la mise en œuvre de l'ISO/IEC 27001:2022, assurant ainsi la protection de leur entreprise contre les cybermenaces.
2. **Professionnels de la sécurité de l'information :** Les professionnels chargés de la sécurité de l'information au sein de petites entreprises bénéficieront des outils et stratégies pratiques présentés dans cet ouvrage. Il offre à la fois des orientations stratégiques et des étapes concrètes pour mettre en place un SMSI conforme à l'ISO/IEC 27001:2022.
3. **Responsables conformité et consultants :** Les consultants ou responsables conformité travaillant avec des petites entreprises trouveront ce livre comme une ressource utile pour accompagner leurs clients dans le processus de certification ISO/IEC 27001:2022. Il fournit un cadre adapté pour appliquer la norme tout en tenant compte des défis spécifiques des petites structures.
4. **Toute personne intéressée par la sécurité de l'information :** Les individus novices dans le domaine de la sécurité de l'information ou souhaitant approfondir leur compréhension de l'ISO/IEC 27001:2022 trouveront dans ce livre une introduction complète. Qu'ils exercent un rôle dans la sécurité ou qu'ils cherchent simplement à mieux appréhender le sujet, cet ouvrage fournit les connaissances fondamentales nécessaires.

CHAPITRE 1

INTRODUCTION A L'ISO/IEC 27001:2022
INTRODUCTION : INTRODUCTION À L'ISO/IEC 27001:2022

Dans le paysage numérique actuel, la protection des informations sensibles revêt une importance capitale. Face à l'augmentation des cybermenaces et des violations de données, les entreprises de toutes tailles doivent placer la sécurité de l'information au cœur de leurs priorités. L'ISO/IEC 27001:2022 constitue la norme internationale pour l'établissement, la mise en œuvre, le maintien et l'amélioration continue d'un Système de management de la sécurité de l'information (SMSI). Elle fournit aux organisations un cadre structuré permettant de protéger leurs données tout en garantissant leur confidentialité, intégrité et disponibilité. Cet ouvrage s'adresse spécifiquement aux petites entreprises, offrant un guide étape par étape pour la mise en œuvre de l'ISO/IEC 27001:2022 avec des solutions pratiques et économiquement viables.

QU'EST-CE QUE L'ISO/IEC 27001:2022 ?

L'ISO/IEC 27001:2022 est la norme internationale définissant les exigences relatives à l'établissement, à la mise en œuvre, au maintien et à l'amélioration continue d'un SMSI. Cette norme fait partie de la famille ISO/IEC 27000, qui propose un cadre permettant aux organisations de protéger leurs actifs informationnels de manière systématique et complète. La révision 2022 de l'ISO 27001 s'appuie sur la version précédente (ISO 27001:2013), avec des exigences actualisées afin de garantir son alignement sur l'évolution des technologies, des risques et des exigences réglementaires. L'objectif principal de l'ISO/IEC 27001:2022 est de fournir aux organisations la structure nécessaire pour préserver la confidentialité, l'intégrité et la disponibilité de l'information.

COMPOSANTS CLÉS DE L'ISO/IEC 27001:2022

1. **Système de management de la sécurité de l'information (SMSI) :** Le SMSI constitue l'ossature de l'ISO/IEC 27001:2022. Il désigne l'ensemble complet de politiques, procédures et contrôles mis en place par une organisation pour protéger ses informations. Ce système inclut l'identification et la gestion des risques liés à la sécurité de l'information ainsi que la conception de contrôles visant à atténuer ces risques de manière efficace.
2. **Approche fondée sur le risque :** L'une des caractéristiques déterminantes de l'ISO/IEC 27001:2022 est son approche basée sur le risque. Les organisations sont tenues de réaliser régulièrement des évaluations des risques afin d'identifier les menaces potentielles pesant sur leur sécurité informationnelle. Cette méthodologie proactive garantit la mise en œuvre de mesures appropriées en fonction de la gravité et de la probabilité de chaque menace.
3. **Amélioration continue :** L'ISO/IEC 27001:2022 souligne l'importance de l'amélioration continue dans le management de la sécurité de l'information. La norme propose un processus structuré de surveillance, d'audits et d'évaluations régulières permettant aux entreprises d'évaluer l'efficacité de leurs mesures de sécurité et d'apporter les ajustements nécessaires.
4. **Engagement de la direction :** La norme met fortement l'accent sur le rôle de la direction dans la mise en œuvre et le maintien du SMSI. La direction doit participer activement à l'élaboration des politiques de sécurité de l'information, allouer les ressources nécessaires et promouvoir une culture de sécurité au sein de l'organisation.
5. **Information documentée :** L'information documentée constitue un élément central de l'ISO/IEC 27001:2022. La norme exige que les entreprises conservent une documentation détaillée incluant politiques, procédures, évaluations des risques et contrôles. Cette documentation doit être régulièrement mise à jour et facilement accessible pour les audits ou les revues de direction.
6. **Conformité légale et réglementaire :** Le respect des lois, règlements et obligations contractuelles applicables à la sécurité de l'information est un volet essentiel de l'ISO/IEC 27001:2022. Les organisations doivent s'assurer que leur SMSI est conforme aux réglementations sectorielles pertinentes, y compris la législation sur la protection des données telle que le RGPD (Règlement général sur la protection des données) et aux autres normes de confidentialité.

OBJECTIFS PRINCIPAUX DE L'ISO/IEC 27001:2022

1. **Protection des informations sensibles :** L'ISO/IEC 27001:2022 permet aux organisations de s'assurer que l'ensemble des données critiques — qu'il s'agisse de propriété intellectuelle, de données des employés ou d'informations clients — est adéquatement protégé contre tout accès non autorisé, vol, perte ou altération.

2. **Gestion des risques :** La norme établit un processus pour identifier, évaluer et gérer les risques liés à la sécurité de l'information. Cette approche axée sur le risque permet aux organisations de hiérarchiser les mesures de sécurité en fonction du niveau de risque, garantissant ainsi une allocation efficace des ressources pour protéger les actifs les plus précieux.
3. **Renforcement de la confiance des parties prenantes :** La certification ISO/IEC 27001:2022 démontre l'engagement de l'entreprise en matière de sécurité de l'information, contribuant ainsi à instaurer la confiance auprès des clients, partenaires et autres parties prenantes. Elle atteste que l'organisation a mis en place un SMSI fiable et efficace pour protéger les informations sensibles.
4. **Conformité aux normes et réglementations sectorielles :** L'ISO/IEC 27001:2022 aide les organisations à respecter les exigences réglementaires applicables à la sécurité de l'information dans leur secteur. Cela contribue à éviter les sanctions et les atteintes à la réputation associées à la non-conformité.
5. **Amélioration de la résilience de l'entreprise :** En identifiant et en atténuant les risques, l'ISO/IEC 27001:2022 aide les organisations à se protéger contre les perturbations potentielles, qu'elles soient dues à des cyberattaques, des violations de données ou des défaillances opérationnelles. Elle renforce la résilience de l'organisation, lui permettant de continuer à fonctionner efficacement face aux menaces.

POURQUOI L'ISO/IEC 27001: 2022 EST-ELLE IMPORTANTE POUR LES PETITES ENTREPRISES ?

Pour les petites entreprises, l'ISO/IEC 27001:2022 offres une approche accessible et structurée pour protéger les informations sensibles malgré des ressources limitées. Nombre de petites entreprises sous-estiment l'importance de mettre en place des mesures de sécurité robustes jusqu'à ce qu'elles soient confrontées à une cyberattaque ou à une violation de données. L'adoption de l'ISO/IEC 27001:2022 permet aux petites entreprises de:

1. **Protéger leurs données :** À mesure que les petites entreprises s'appuient de plus en plus sur des outils numériques, le stockage dans le cloud et les technologies de communication, la protection des données devient essentielle.

L'ISO/IEC 27001:2022 garantit que des mesures solides de sécurité des données sont mises en place pour prévenir les accès non autorisés, les pertes ou les violations.

2. **Obtenir un avantage concurrentiel :** La certification ISO/IEC 27001:2022 permet aux petites entreprises de se démarquer sur un marché concurrentiel. Elle démontre un engagement envers la sécurité, ce qui peut constituer un argument décisif auprès des clients et partenaires attachés à la protection des données.
3. **Améliorer l'efficacité opérationnelle :** En évaluant systématiquement les risques et en mettant en œuvre des contrôles, les petites entreprises peuvent identifier et éliminer les inefficacités, réduire les coûts inutiles et assurer un fonctionnement plus fluide.
4. **Se préparer à la croissance future :** À mesure que les petites entreprises se développent, leurs besoins en matière de sécurité de l'information deviennent plus complexes. La mise en œuvre précoce de l'ISO/IEC 27001:2022 établit une base solide pour une croissance sécurisée, permettant aux entreprises d'évoluer sans s'exposer à des risques inutiles.

IMPORTANCE SPECIFIQUE DE L'ISO/IEC 27001:2022

POUR LES PETITES ENTREPRISES :

1. **Protection des données sensibles :** Les petites entreprises détiennent souvent des informations clients sensibles, telles que des données personnelles, financières ou de propriété intellectuelle, dont la compromission peut entraîner des pertes financières et un préjudice à la réputation. L'ISO/IEC 27001:2022 assure la mise en place de mesures appropriées pour protéger ces informations contre tout accès non autorisé, perte ou vol.
2. **Renforcement de la confiance des clients :** Les violations de données et les cyberattaques peuvent nuire gravement à la confiance entre l'entreprise et ses clients. En mettant en œuvre l'ISO/IEC 27001:2022, les petites entreprises démontrent leur engagement à protéger les données client, renforçant ainsi la confiance et la fidélité. La certification constitue un signal clair que les informations sont traitées de manière sécurisée.
3. **Conformité légale et réglementaire :** Dans un environnement de plus en plus réglementé, les petites entreprises doivent se conformer aux lois sur la protection des données et aux réglementations sectorielles, telles que le RGPD

ou la HIPAA. L'ISO/IEC 27001:2022 aide à répondre à ces obligations légales, réduisant ainsi le risque de sanctions liées à la non-conformité.

4. **Avantage concurrentiel :** Dans les secteurs où la sécurité des données est un critère clé pour les clients, être certifié ISO/IEC 27001:2022 constitue un avantage concurrentiel important. Cela peut influencer la décision des clients potentiels lors du choix entre différents fournisseurs ou partenaires.
5. **Efficacité opérationnelle :** La mise en œuvre de l'ISO/IEC 27001:2022 implique des évaluations systématiques des risques et l'élaboration de politiques de sécurité, ce qui permet d'identifier et d'atténuer les risques, d'améliorer les processus opérationnels, d'optimiser l'allocation des ressources et d'accroître l'efficacité dans la gestion de la sécurité de l'information.
6. **Gestion des risques :** Les petites entreprises sont souvent vulnérables aux cyberattaques en raison de ressources limitées. L'ISO/IEC 27001:2022 fournit un cadre de gestion des risques qui permet d'identifier, d'évaluer et d'atténuer les risques liés à la sécurité de l'information. Une approche proactive de la gestion des risques réduit la probabilité d'incidents.
7. **Continuité des activités et résilience :** En cas d'incident de sécurité, un SMSI efficace permet aux petites entreprises de réagir rapidement, minimisant ainsi les interruptions et les perturbations opérationnelles. L'ISO/IEC 27001:2022 inclut des dispositions pour la continuité des activités, assurant une reprise rapide après un incident.

TABLEAU : PRINCIPAUX AVANTAGES DE L'ISO/IEC 27001:2022 POUR LES PETITES ENTREPRISES

Avantage	**Description**
Protection des données sensibles	Assure que les données sensibles (clients, financières, propriété intellectuelle) sont protégées contre tout accès non autorisé, perte ou vol.
Renforcement de la confiance des clients	Favorise la confiance des clients en démontrant un engagement à protéger leurs informations personnelles et sensibles.
Conformité légale et réglementaire	Permet de répondre aux exigences légales en matière de protection des données et aux réglementations spécifiques au secteur (ex. : RGPD, HIPAA), réduisant le risque de sanctions pour non-conformité.

Avantage concurrentiel	La certification ISO constitue un facteur différenciateur, rendant l'entreprise plus attractive pour les clients et partenaires qui accordent de l'importance à la sécurité des données.
Efficacité opérationnelle	En établissant des processus clairs pour l'évaluation des risques et la gestion de la sécurité de l'information, les entreprises rationalisent leurs opérations et réduisent les inefficacités.
Gestion des risques	Fournit un cadre pour identifier et traiter les risques liés à la sécurité de l'information, permettant une atténuation proactive plutôt que des réponses réactives.
Continuité et résilience de l'entreprise	Renforce la capacité de l'entreprise à réagir et à se remettre des incidents de sécurité, minimisant les perturbations opérationnelles et garantissant la continuité des services.

CONCLUSION

L'adoption de l'ISO/IEC 27001:2022 permet aux petites entreprises de protéger leurs données sensibles, de se conformer aux obligations légales, d'améliorer leur efficacité opérationnelle et de démontrer un engagement solide envers la sécurité de l'information. Dans un contexte où les cybermenaces et les violations de données sont en constante augmentation, disposer d'un SMSI efficace est essentiel pour assurer la réussite à long terme, se différencier sur le marché et renforcer la confiance des clients.

PORTEE ET APPLICABILITE DE L'ISO/IEC 27001: 2022

POUR LES PETITES ENTREPRISES

L'ISO/IEC 27001:2022 est conçue pour être applicable à des organisations de toutes tailles, y compris les petites entreprises, et ce dans divers secteurs d'activité. La norme fournit un cadre complet pour l'établissement, la mise en œuvre, le maintien et l'amélioration continue d'un Système de management de la sécurité de l'information (SMSI). Son objectif est de protéger la confidentialité, l'intégrité et la disponibilité de l'information en appliquant un processus structuré de gestion des risques.

Pour les petites entreprises, l'ISO/IEC 27001:2022 constitue une solution évolutive pouvant être adaptée aux besoins spécifiques de l'organisation. Le cadre permet la mise en place de mesures de sécurité de l'information proportionnées à la taille, à la complexité et aux ressources disponibles de l'entreprise, tout en respectant les normes internationales.

TABLEAU : PORTEE ET APPLICABILITE DE L'ISO/IEC 27001:2022

Aspect	Description
Évolutivité	L'ISO/IEC 27001:2022 est évolutive, permettant aux petites entreprises de mettre en œuvre la norme en fonction de leur taille, de leurs ressources et de leurs besoins spécifiques en matière de sécurité.
Applicabilité sectorielle	La norme est applicable à tous les secteurs, y compris les technologies de l'information, la santé, la finance, l'industrie manufacturière et plus encore. Elle fournit des directives pouvant être adaptées à tout domaine d'activité.
Portée géographique	L'ISO/IEC 27001:2022 est reconnue à l'échelle mondiale et peut être appliquée par des petites entreprises dans n'importe quelle région, garantissant la conformité aux lois internationales sur la protection des données et aux standards sectoriels.

CONCLUSION

L'ISO/IEC 27001:2022 offres un cadre flexible et adaptable, particulièrement pertinent pour les petites entreprises. Quelle que soit leur taille ou leur secteur d'activité, elles peuvent tirer parti de la norme pour mettre en place un SMSI répondant à leurs besoins en matière de sécurité de l'information, respectant les réglementations et protégeant les données critiques de l'entreprise.

CHAPITRE 2

LEADERSHIP ET ENGAGEMENT

ROLE DU LEADERSHIP DANS UN SMSI (SYSTEME DE MANAGEMENT DE LA SECURITE DE L'INFORMATION)

Dans le cadre de l'ISO/IEC 27001:2022, le leadership constitue le facteur le plus déterminant pour la réussite de l'établissement, de la mise en œuvre et de l'amélioration continue d'un Système de management de la sécurité de l'information (SMSI). Le rôle du leadership est pluriel et dépasse largement la simple attribution de responsabilités en matière de sécurité de l'information. Il englobe la vision stratégique, l'allocation des ressources et l'instauration d'une culture de sécurité au sein de l'ensemble de l'organisation. Pour les petites entreprises, où les ressources peuvent être limitées, le rôle de la direction est particulièrement essentiel pour assurer la mise en œuvre efficace de l'ISO/IEC 27001:2022.

La direction est responsable de la création d'un environnement dans lequel les politiques de sécurité de l'information ne se contentent pas d'être formulées, mais sont pleinement intégrées dans les processus opérationnels et stratégiques de l'organisation. Cet engagement est fondamental pour favoriser un environnement informationnel sécurisé capable de protéger les données sensibles de l'entreprise contre les menaces émergentes et d'assurer la conformité aux exigences réglementaires.

RESPONSABILITES CLES DU LEADERSHIP DANS LA MISE EN ŒUVRE D'UN SMSI

1. **ÉTABLIR UNE POLITIQUE DE SECURITE DE L'INFORMATION**
   - La direction doit définir une politique de sécurité de l'information claire et opérationnelle, alignée sur les objectifs stratégiques de l'organisation et sur les exigences légales. Cette politique doit refléter l'engagement de l'organisation à sécuriser les données sensibles et préciser la portée du SMSI.
   - La politique doit être communiquée à tous les niveaux de l'organisation afin que chacun comprenne ses responsabilités dans la protection de l'information.
   - La direction doit veiller à ce que la politique soit régulièrement revue et mise à jour pour tenir compte des nouvelles menaces, des avancées technologiques ou des évolutions réglementaires.
2. **DEFINIR DES OBJECTIFS DE SECURITE DE L'INFORMATION**
   - La direction doit établir des objectifs de sécurité de l'information mesurables et atteignables, alignés sur les objectifs globaux de l'entreprise.
   - Ces objectifs doivent couvrir des domaines tels que la réduction des incidents de sécurité, l'accroissement de la sensibilisation à la sécurité de l'information et l'amélioration de la gestion des risques.
   - La direction doit s'assurer que ces objectifs sont communiqués, surveillés et évalués régulièrement afin de mesurer leur efficacité, en procédant aux ajustements nécessaires pour garantir que la posture de sécurité de l'entreprise évolue en fonction des menaces émergentes.

1. **ALLOCATION DES RESSOURCES POUR LA MISE EN ŒUVRE DU SMSI**
   - La direction est responsable de garantir que les ressources nécessaires (financières, humaines et technologiques) sont allouées pour mettre en œuvre et maintenir le SMSI.
   - Cela inclut la constitution d'une équipe qualifiée pour gérer le SMSI, la mise à disposition d'outils et de technologies adaptés à la protection des données, ainsi que la formation continue du personnel afin d'assurer leur compétence dans les pratiques de sécurité de l'information.

2. INTEGRATION DU SMSI DANS LES PROCESSUS ORGANISATIONNELS

- La direction doit intégrer le SMSI dans l'ensemble des processus de l'organisation, veillant à ce que la sécurité de l'information ne soit pas traitée comme une initiative isolée mais comme une composante intégrale des activités de l'entreprise.
- Cela implique que toutes les activités, des opérations à la stratégie, prennent en compte la sécurité de l'information, garantissant que les processus de l'organisation sont sécurisés dès leur conception.

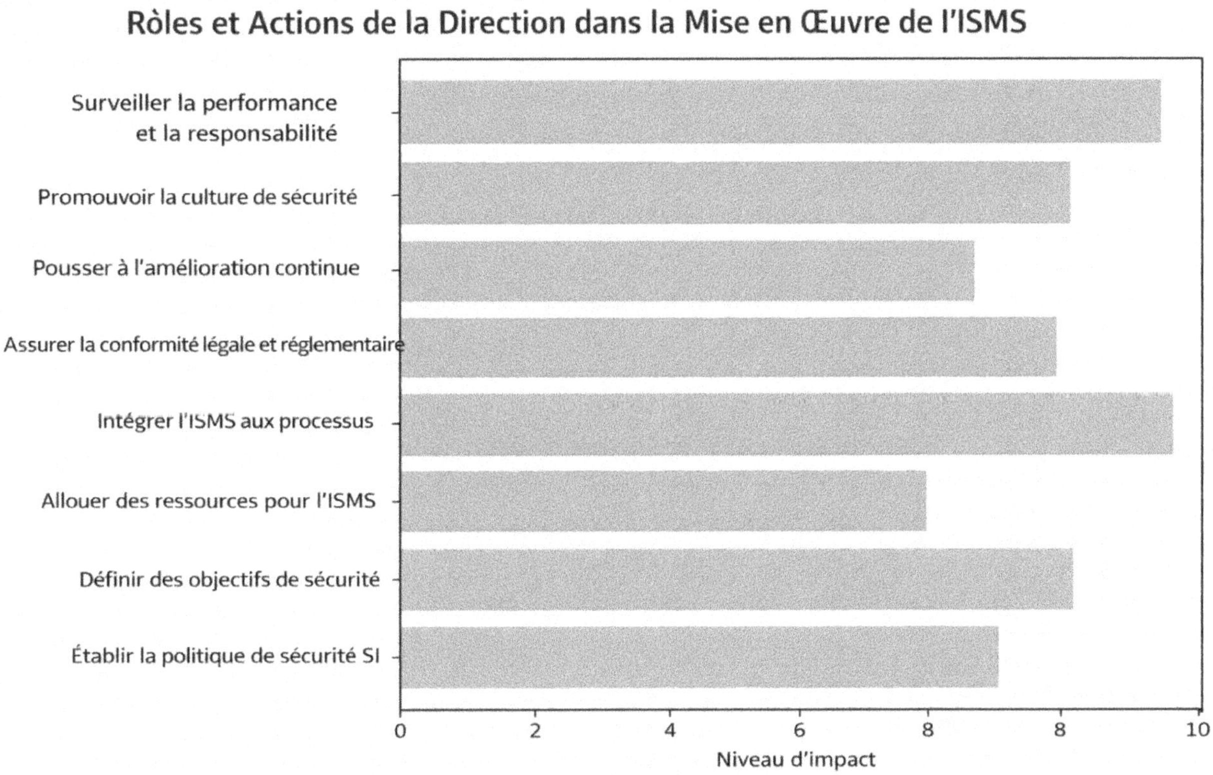

3. ASSURER LA CONFORMITE LEGALE ET REGLEMENTAIRE

- La direction doit se tenir informée des lois et réglementations pertinentes relatives à la sécurité de l'information et à la protection des données (ex. : RGPD, HIPAA).
- Elle doit veiller à ce que le SMSI soit aligné sur ces exigences légales, minimisant ainsi le risque de sanctions pour non-conformité.

- La direction doit également s'assurer que les mesures de sécurité de l'organisation sont régulièrement mises à jour pour rester conformes aux évolutions réglementaires.

4. **PROMOUVOIR L'AMELIORATION CONTINUE**
   - La direction doit encourager une culture d'amélioration continue au sein du SMSI. Cela inclut l'évaluation régulière des performances du SMSI, la réalisation d'audits internes et la mise en œuvre de mesures correctives basées sur les résultats des audits ou l'évolution des menaces de sécurité.
   - La direction doit également encourager l'innovation dans les processus de sécurité, incitant l'organisation à faire évoluer ses pratiques de sécurité de l'information et à adopter de nouvelles technologies ou méthodologies renforçant le SMSI.
   -
5. **FAVORISER UNE CULTURE DE SECURITE**
   - La direction joue un rôle central dans l'instauration d'une culture organisationnelle axée sur la sécurité. Cela passe par la sensibilisation via la formation, les communications régulières et l'instauration de l'exigence selon laquelle tous les employés respectent les politiques et pratiques de sécurité.
   - En manifestant son engagement, la direction influence le comportement de l'ensemble du personnel, garantissant que la sécurité de l'information devienne une responsabilité collective.
6. **SURVEILLANCE DES PERFORMANCES ET RESPONSABILITE**
   - La direction doit veiller à ce que les performances du SMSI soient régulièrement suivies par rapport aux objectifs établis. Cela comprend l'évaluation de l'efficacité des contrôles de sécurité, l'examen des incidents de sécurité et l'analyse des résultats des audits internes.
   - La direction est également responsable de s'assurer que chaque niveau de l'organisation assume ses responsabilités pour le maintien de la sécurité de l'information.

TABLEAU : ROLE DU LEADERSHIP ET ACTIONS CLES DANS LA MISE EN ŒUVRE DU SMSI

Rôle du leadership	Actions clés

Établir une politique de sécurité de l'information	Définir, communiquer et réviser une politique alignée sur les objectifs de l'entreprise et les exigences légales/réglementaires.
Définir des objectifs de sécurité de l'information	Définir des objectifs mesurables et les aligner sur les objectifs de l'entreprise. Communiquer et suivre l'avancement vers ces objectifs.
Allocation des ressources pour le SMSI	Garantir l'allocation de ressources financières, humaines et technologiques suffisantes pour soutenir le SMSI.
Intégration du SMSI dans les processus organisationnels	Veiller à ce que le SMSI soit intégré dans tous les processus afin de créer une culture de sécurité dans l'ensemble de l'organisation.
Assurer la conformité légale et réglementaire	Se tenir informé des exigences légales et veiller à ce que le SMSI soit conforme aux lois pertinentes (RGPD, HIPAA, etc.).
Favoriser l'amélioration continue	Encourager l'amélioration continue en révisant régulièrement le SMSI et en ajustant les pratiques à partir des évaluations et résultats d'audit.
Promouvoir une culture de sécurité	Instaurer une culture où tous les employés sont conscients de leur rôle dans la sécurité de l'information et participent activement aux pratiques de sécurité.
Surveiller les performances et assurer la responsabilité	Mettre en place des indicateurs de performance et veiller à ce que le personnel soit responsable du respect des protocoles de sécurité et de l'amélioration des pratiques.

CONCLUSION

Le leadership constitue la pierre angulaire de la mise en œuvre réussie d'un SMSI selon l'ISO/IEC 27001:2022. Pour les petites entreprises, où les rôles sont souvent polyvalents, l'implication directe et l'engagement de la direction sont essentiels pour établir des politiques, allouer des ressources, garantir la conformité et promouvoir l'amélioration continue. En démontrant un engagement fort, la direction s'assure que la sécurité de l'information devient une composante intégrante de la culture d'entreprise, soutenant non seulement la conformité réglementaire, mais aussi offrant un avantage concurrentiel, renforçant la confiance des clients et améliorant la résilience face aux menaces cybernétiques en constante évolution. Le rôle du leadership ne se limite pas à l'approbation ; il consiste à instaurer une mentalité « sécurité d'abord » qui imprègne l'ensemble des opérations et de la stratégie de l'organisation.

POLITIQUE ET OBJECTIFS DE SECURITE DE L'INFORMATION DANS L'ISO/IEC 27001:2022

POLITIQUE DE SECURITE DE L'INFORMATION

La politique de sécurité de l'information constitue la pierre angulaire d'un Système de management de la sécurité de l'information (SMSI) et représente une exigence fondamentale de l'ISO/IEC 27001:2022. Elle établit l'orientation et l'engagement de la direction en matière de sécurité de l'information et définit le cadre des objectifs de sécurité de l'organisation. Ce document formel précise l'approche de l'organisation pour protéger ses informations et s'applique à l'ensemble des employés, prestataires et tiers qui traitent ou manipulent les informations de l'organisation.

La politique doit être adaptée aux besoins spécifiques de l'organisation, aux exigences légales et au contexte de risques. Elle doit être clairement communiquée à l'ensemble de l'organisation et accessible à toutes les parties prenantes impliquées dans la gestion de la sécurité de l'information.

ÉLEMENTS CLES D'UNE POLITIQUE DE SECURITE DE L'INFORMATION

1. **OBJECTIF ET PORTÉE**
   - La politique doit préciser le but de la mise en place du SMSI, en mettant l'accent sur la protection de la confidentialité, de l'intégrité et de la disponibilité de l'information.
   - La portée doit définir les domaines et activités couverts par le SMSI, y compris les parties prenantes externes (prestataires, fournisseurs tiers) et leur rôle dans les efforts de sécurité de l'information.
2. **ENGAGEMENT DE LA DIRECTION**
   - La politique doit souligner l'engagement de la direction dans la mise en œuvre et le maintien du SMSI, y compris l'allocation de ressources, la

définition des rôles et responsabilités, et l'amélioration continue du système.
- L'implication de la direction est essentielle, car elle conditionne l'engagement de l'ensemble de l'organisation et démontre que la sécurité est une priorité à tous les niveaux.

3. **OBJECTIFS DE SÉCURITÉ DE L'INFORMATION**
   - La politique doit définir des objectifs clairs en matière de sécurité de l'information, alignés sur les objectifs et la stratégie globale de l'organisation. Ces objectifs doivent être mesurables, réalisables et réalistes.
   - Ils doivent inclure la réduction des incidents de sécurité, la protection des données sensibles et le respect des réglementations.
4. **RÔLES ET RESPONSABILITÉS**
   - La politique doit préciser les rôles et responsabilités liés à la sécurité de l'information au sein de l'organisation, notamment la désignation d'un Responsable de la sécurité de l'information (CISO) ou équivalent, et s'assurer que l'ensemble du personnel connaît ses responsabilités.
   - Elle doit également définir l'implication des employés, prestataires et tiers dans la gestion et la protection de l'information.
5. **EXIGENCES DE CONFORMITÉ**
   - La politique doit détailler les exigences légales, réglementaires et contractuelles liées à la sécurité de l'information, incluant la conformité au RGPD, HIPAA ou autres réglementations sectorielles, et préciser comment ces obligations sont intégrées dans le SMSI.
6. **APPROCHE DE GESTION DES RISQUES**
   - La politique doit définir le processus de gestion des risques permettant d'identifier, d'évaluer et de traiter les risques liés à la sécurité de l'information, en l'alignant sur le contexte et les ressources de l'organisation.
   - Elle doit préciser comment les risques sont identifiés, évalués et atténués par des contrôles appropriés.
7. **AMÉLIORATION CONTINUE**
   - La politique doit inclure un engagement envers l'amélioration continue du SMSI, avec des évaluations régulières de l'efficacité du système à travers audits, retours d'expérience et revues de direction, et la mise en œuvre d'actions correctives pour remédier aux lacunes identifiées.
8. **COMMUNICATION ET SENSIBILISATION**

- Il est crucial que tous les employés, prestataires et tiers concernés soient informés de la politique de sécurité de l'information. La politique doit prévoir des méthodes de communication et de formation pour garantir que chacun comprenne son rôle dans le maintien de la sécurité de l'information.

9. **RÉVISION ET MISE À JOUR**
    - La politique de sécurité de l'information doit être régulièrement revue et mise à jour pour rester pertinente, en particulier lors de changements significatifs dans les processus, les technologies ou les exigences réglementaires externes.

OBJECTIFS DE SECURITE DE L'INFORMATION

Les objectifs de sécurité de l'information représentent des buts précis et mesurables que l'organisation fixe pour gérer et améliorer son SMSI. Ils s'alignent directement sur les objectifs globaux de l'organisation et se concentrent sur la gestion des risques liés à la sécurité de l'information. Ces objectifs doivent être basés sur le processus d'évaluation des risques et adaptés aux besoins spécifiques de l'organisation.

CARACTERISTIQUES CLES DES OBJECTIFS DE SECURITE DE L'INFORMATION

1. **CONFORMITE AVEC LA POLITIQUE DE SECURITE DE L'INFORMATION**
    - Les objectifs doivent être alignés sur la politique de sécurité de l'organisation, soutenir ses buts de sécurité globaux et refléter l'engagement de l'organisation à protéger les données sensibles.
2. **MESURABLES ET RÉALISABLES**
    - Les objectifs doivent être quantifiables afin que leur atteinte puisse être suivie, à l'aide d'indicateurs de performance (KPI) ou d'autres mesures pertinentes.
    - Ils doivent également être réalistes et atteignables au regard des ressources, des délais et des priorités de l'organisation.
3. **DÉLIMITÉS DANS LE TEMPS**
    - Les objectifs doivent comporter un calendrier clair pour leur réalisation, incluant des échéances pour l'achèvement de tâches ou l'atteinte

d'étapes précises, comme la réalisation d'évaluations de sécurité ou l'obtention de la certification ISO/IEC 27001:2022.

4. **BASÉS SUR LES RISQUES**
   - Les objectifs doivent découler des résultats du processus d'évaluation des risques et viser à traiter ou réduire efficacement ces risques.
   - Par exemple, un objectif pourrait consister à mettre en œuvre un chiffrement pour limiter l'accès non autorisé aux données sensibles ou à améliorer la formation du personnel pour réduire les risques liés aux erreurs humaines.
5. **AXÉS SUR L'AMÉLIORATION CONTINUE**
   - Les objectifs doivent non seulement maintenir les mesures de sécurité existantes, mais aussi encourager l'amélioration continue, par exemple en réduisant les délais de réponse aux incidents, en augmentant la disponibilité des systèmes ou en renforçant les programmes de sensibilisation du personnel.
6. **RÉALISTES ET CONSCIENTS DES RESSOURCES**
   - Les objectifs doivent être ambitieux mais atteignables, en tenant compte des ressources disponibles (financières, technologiques, humaines).
   -
7. **CLAIRS ET COMPRÉHENSIBLES**
   - Les objectifs doivent être définis de manière explicite, afin que tous les membres de l'organisation comprennent ce qui doit être fait et pourquoi. Des objectifs vagues ou trop techniques peuvent générer de la confusion et nuire à la mise en œuvre efficace du SMSI.
   -

EXEMPLES D'OBJECTIFS DE SECURITE DE L'INFORMATION

1. **REDUIRE LES INCIDENTS DE SECURITE**
   - Objectif : Diminuer de 25 % le nombre d'incidents de sécurité de l'information au cours des 12 prochains mois en mettant en place des contrôles de sécurité supplémentaires et en renforçant le programme de sensibilisation des employés.
2. **AMELIORER L'EVALUATION ET LE TRAITEMENT DES RISQUES**

  - Objectif : Réaliser une évaluation complète des risques pour l'ensemble des processus métier majeurs dans les six prochains mois et élaborer des plans de traitement pour les risques identifiés.

3. **RENFORCER LA SENSIBILISATION DES EMPLOYES**
   - Objectif : Augmenter de 50 % la participation des employés aux programmes de formation en sécurité de l'information sur les 12 prochains mois afin d'améliorer la sensibilisation globale et de réduire les erreurs humaines.
   -
4. **OBTENIR LA CERTIFICATION ISO 27001**
   - Objectif : Obtenir la certification ISO 27001:2022 dans un délai de 18 mois, démontrant l'engagement de l'organisation envers la gestion de la sécurité de l'information et l'amélioration continue.
5. **AMELIORER LE TEMPS DE REPONSE AUX INCIDENTS**
   - Objectif : Réduire de 20 % le temps moyen de réponse aux incidents au cours de l'année prochaine en optimisant le processus de réponse et en renforçant les capacités de l'équipe chargée des incidents.

TABLEAU : OBJECTIFS DE SECURITE DE L'INFORMATION ET LEURS CARACTERISTIQUES CLES

Objectif	**Description**	**Caractéristiques clés**
Réduire les incidents de sécurité	Diminuer de 25 % le nombre d'incidents de sécurité au cours des 12 prochains mois.	Mesurable, Délimité dans le temps, Basé sur les risques
Améliorer l'évaluation et le traitement des risques	Réaliser une évaluation complète des risques pour tous les processus majeurs dans les 6 prochains mois.	Réalisable, Mesurable, Conscient des ressources
Renforcer la sensibilisation des employés	Augmenter la participation aux formations en sécurité de 50 % sur 12 mois.	Mesurable, Réalisable, Axé sur l'amélioration continue
Obtenir la certification ISO 27001	Obtenir la certification ISO 27001:2022 dans un délai de 18 mois.	Délimité dans le temps, Réalisable, Soutient les objectifs stratégiques

Améliorer le temps de réponse aux incidents	Réduire de 20 % le temps moyen de réponse aux incidents dans l'année à venir.	Mesurable, Délimité dans le temps, Axé sur l'efficacité opérationnelle et l'amélioration continue

CONCLUSION

La politique de sécurité de l'information constitue la base de la gestion de la sécurité au sein d'une organisation, donnant le ton pour l'ensemble du Système de management de la sécurité de l'information (SMSI). La direction doit s'assurer que cette politique est clairement définie, communiquée et alignée sur les objectifs stratégiques de l'organisation. Les objectifs de sécurité de l'information sont tout aussi essentiels : ils doivent être spécifiques, mesurables, réalisables et cohérents avec les objectifs globaux de l'organisation. En définissant des objectifs clairs, la direction garantit le suivi des progrès et favorise l'amélioration continue, contribuant ainsi à la résilience et à la sécurité des systèmes d'information de l'organisation.

RESPONSABILITES DE LA DIRECTION DANS LA MISE EN ŒUVRE DU SMSI

La mise en œuvre d'un Système de management de la sécurité de l'information (SMSI) fondé sur ISO 27001:2022 ne peut réussir sans l'implication active et engagée de la direction. La participation de la direction est cruciale à chaque étape, depuis la phase de planification initiale jusqu'à l'évaluation continue et l'amélioration permanente. La haute direction doit non seulement approuver la mise en œuvre du SMSI, mais également jouer un rôle actif dans son exécution, en veillant à ce que les ressources, processus et politiques nécessaires soient en place pour gérer efficacement les risques liés à la sécurité de l'information.

ISO 27001:2022 précise que le leadership dépasse la simple responsabilité stratégique. Le succès d'un SMSI repose sur la capacité de la direction à fournir une vision, des orientations et un soutien, tout en favorisant une culture de sécurité de l'information au sein de l'organisation. La direction est responsable de donner l'exemple, de démontrer son engagement envers la sécurité de l'information et de s'assurer que le SMSI est intégré aux processus métier globaux de l'organisation.

PRINCIPALES RESPONSABILITES DE LA DIRECTION DANS LA MISE EN ŒUVRE DU SMSI

1. **Établissement de la politique de sécurité de l'information** La création d'une politique de sécurité de l'information solide constitue l'une des premières responsabilités de la direction. Cette politique sert de document fondamental, définissant l'approche de l'organisation pour protéger ses informations.
   - **Contenu :** La politique doit préciser les objectifs de l'organisation en matière de sécurité de l'information, incluant la confidentialité, l'intégrité et la disponibilité des données. Elle doit également identifier les rôles et responsabilités du personnel à tous les niveaux, fixer des objectifs de sécurité clairs et fournir des directives pour répondre aux menaces émergentes ou aux enjeux de conformité.
   - **Rôle de la direction :** La haute direction doit s'assurer que la politique est alignée sur les objectifs commerciaux de l'entreprise et qu'elle est communiquée clairement à l'ensemble des employés. Elle doit également veiller à ce que la politique soit appliquée dans toute l'organisation et que sa conformité soit suivie.
2. **Définition d'objectifs clairs de sécurité de l'information** Une fois la politique en place, la direction doit définir des objectifs de sécurité de l'information spécifiques, mesurables, réalisables, réalistes et limités dans le temps (SMART).
   - **Alignement avec les objectifs de l'entreprise :** Ces objectifs doivent soutenir la vision et la mission de l'entreprise, tout en garantissant que les mesures de sécurité permettent d'atteindre les objectifs clés, tels que la protection des données clients, la sauvegarde de la propriété intellectuelle ou le respect des réglementations sectorielles.
   - **Rôle de la direction :** La direction doit s'assurer que ces objectifs sont réalistes et mesurables, en tenant compte des ressources disponibles et des risques potentiels. Elle doit également garantir la communication de ces objectifs à tous les employés et parties prenantes et organiser des revues régulières pour évaluer les progrès.
3. **Allocation des ressources pour la mise en œuvre du SMSI** La direction doit veiller à ce que des ressources suffisantes soient allouées pour la mise en œuvre et le maintien du SMSI, incluant les ressources financières, humaines et technologiques.

   - **Ressources financières :** Assurer un budget pour l'acquisition des outils, technologies et services nécessaires à la gestion de la sécurité de l'information.
   - **Ressources humaines :** Désigner un responsable de la sécurité de l'information (RSI), constituer une équipe dédiée et former tous les employés aux bonnes pratiques de sécurité.
   - **Infrastructure technologique :** Mettre en place des outils technologiques appropriés, tels que pare-feu, systèmes de chiffrement, contrôles d'accès ou solutions de gestion des événements de sécurité (SIEM).
4. **Intégration du SMSI dans les processus organisationnels** Le SMSI doit être intégré aux processus métiers de l'organisation et ne pas constituer une fonction isolée.
   - **Intégration dans les processus métiers :** Les considérations de sécurité doivent être incluses dans la conception des processus tels que les achats, le développement produit et les interactions clients.
   - **Rôle de la direction :** La direction doit veiller à ce que la sécurité de l'information soit intégrée à la planification stratégique et appliquée uniformément dans tous les départements.
5. **Assurer la conformité légale et réglementaire** La direction doit s'assurer que le SMSI respecte l'ensemble des obligations légales, réglementaires et contractuelles applicables.
   - **Conformité légale :** Se tenir informé des lois pertinentes, telles que le RGPD, HIPAA ou les normes sectorielles comme PCI DSS.
   - **Rôle de la direction :** Intégrer dans le SMSI les processus nécessaires au respect de ces obligations et mettre à jour le système en fonction des évolutions législatives.
6. **Pilotage de l'amélioration continue** La direction est responsable de l'amélioration continue du SMSI, en adaptant le système aux évolutions technologiques, aux changements organisationnels et aux nouvelles menaces.
   - **Suivi et mesure :** Mettre en place des indicateurs clés de performance (KPI) pour évaluer l'efficacité du SMSI.
   - **Rôle de la direction :** Surveiller activement les performances, réaliser des revues de direction régulières et prendre des actions correctives. Favoriser une culture d'apprentissage à partir des audits, incidents et évaluations de performance.

7. **Promotion d'une culture de sécurité** La direction doit instaurer une culture organisationnelle où la sécurité de l'information est une responsabilité partagée.
   - **Sensibilisation à la sécurité :** Former régulièrement les employés aux bonnes pratiques, notamment la protection contre le phishing, la gestion des mots de passe et la confidentialité des données.
   - **Rôle de la direction :** Montrer l'exemple et encourager les employés à signaler incidents et préoccupations, tout en assumant leur rôle dans la sécurité de l'information.

TABLEAU : RESPONSABILITES ET ACTIONS DE LA DIRECTION DANS LA MISE EN ŒUVRE DU SMSI

Responsabilité de la direction	**Actions**
Établissement de la politique de sécurité de l'information	Développer une politique claire, alignée sur les objectifs de l'entreprise et les exigences légales. Veiller à ce que la politique soit communiquée et régulièrement révisée.
Définition des objectifs de sécurité de l'information	Définir des objectifs SMART, en veillant à leur alignement avec les objectifs de l'entreprise. Communiquer ces objectifs et suivre les progrès réalisés.
Allocation des ressources	Allouer les ressources financières, humaines et technologiques nécessaires au support du SMSI. Nommer les responsables et fournir les outils requis pour une mise en œuvre efficace.
Intégration du SMSI dans les processus métiers	Veiller à ce que les considérations de sécurité soient intégrées dans tous les processus organisationnels, du développement produit aux interactions clients.
Assurer la conformité légale et réglementaire	Se tenir informé des lois et réglementations applicables (RGPD, HIPAA, PCI DSS) et veiller à ce que le SMSI reste conforme.
Pilotage de l'amélioration continue	Mettre en place des indicateurs clés de performance (KPI), revoir régulièrement les performances du SMSI et prendre des actions correctives. Encourager une culture d'apprentissage et d'adaptation face aux nouveaux risques et technologies.

Promotion d'une culture de sécurité	Montrer l'exemple en soulignant l'importance de la sécurité de l'information. Mettre en œuvre des programmes de formation et sensibiliser l'ensemble de l'organisation.

CONCLUSION

La direction joue un rôle déterminant dans la mise en œuvre réussie et la gestion continue d'un SMSI selon ISO 27001:2022. Elle doit démontrer un engagement fort par l'établissement de politiques claires, l'allocation des ressources, l'intégration des mesures de sécurité dans les processus métiers et la conduite permanente de l'amélioration. En favorisant une culture de sécurité et en garantissant la conformité aux exigences légales et réglementaires, la direction crée les conditions d'un SMSI résilient, capable de protéger les informations de l'organisation tout en soutenant ses objectifs stratégiques.

CHAPITRE 3

GESTION DES RISQUES DANS LE SMSI COMPREHENSION DES RISQUES EN MATIERE DE SECURITE DE L'INFORMATION

Dans ISO 27001:2022, la gestion des risques constitue un élément central du Système de Management de la Sécurité de l'Information (SMSI). Le processus d'identification, d'évaluation et de traitement des risques permet de protéger les actifs informationnels de l'organisation contre des menaces susceptibles de compromettre leur confidentialité, intégrité ou disponibilité. Comprendre et gérer les risques liés à la sécurité de l'information est essentiel pour maintenir un SMSI efficace et garantir la sécurité des données sensibles face aux menaces internes et externes.

La gestion des risques en sécurité de l'information implique l'identification systématique des menaces potentielles pesant sur les actifs informationnels, l'évaluation de la probabilité et de l'impact de ces menaces, ainsi que la mise en œuvre de mesures visant à réduire ou à gérer les risques à un niveau acceptable. Cette approche proactive aide les organisations à prévenir ou limiter les impacts des violations de sécurité, des non-conformités légales et des pertes financières liées aux incidents de sécurité de l'information.

CONCEPTS CLES DE LA GESTION DES RISQUES EN SECURITE DE L'INFORMATION

1. **RISQUES EN SECURITE DE L'INFORMATION :**
   - Les risques en sécurité de l'information correspondent à la possibilité que des menaces ou des vulnérabilités compromettent la confidentialité, l'intégrité ou la disponibilité des informations. Ces

risques peuvent provenir de diverses sources, telles que les cyberattaques, les violations de données, les menaces internes, les défaillances systèmes ou les catastrophes naturelles.
   - La gestion des risques permet aux organisations d'identifier ces risques et de prendre des mesures pour prévenir ou minimiser leurs impacts.
2. **MENACES ET VULNÉRABILITÉS :**
   - Une menace est tout événement ou action susceptible de nuire au système d'information, tel que le piratage, les logiciels malveillants ou l'accès non autorisé.
   - Une vulnérabilité est une faiblesse ou un défaut d'un système d'information qui peut être exploité par une menace. Par exemple, un bug logiciel peut offrir un point d'entrée aux attaquants, ou des mots de passe faibles peuvent permettre un accès non autorisé à des données sensibles.
   - La combinaison d'une menace exploitant une vulnérabilité génère un risque pouvant nuire aux actifs informationnels de l'organisation.
3. **ÉVALUATION DES RISQUES :**
   - L'évaluation des risques consiste à identifier et analyser les risques potentiels pour la sécurité de l'information. Elle examine à la fois la probabilité d'occurrence et l'impact potentiel de chaque risque.
   - L'objectif est de hiérarchiser les risques en fonction de leurs conséquences possibles, permettant ainsi une allocation efficace des ressources pour atténuer en priorité les risques les plus critiques.
   - L'évaluation prend également en compte l'appétence au risque de l'organisation, c'est-à-dire le niveau de risque qu'elle est prête à accepter pour atteindre ses objectifs.
4. **TRAITEMENT DES RISQUES :**
   - Le traitement des risques consiste à déterminer comment gérer les risques identifiés. Plusieurs stratégies peuvent être employées :
     - **Évitement du risque :** Modifier les processus ou pratiques pour éliminer complètement le risque (ex. : cesser l'utilisation d'une application logicielle vulnérable).
     - **Atténuation du risque :** Mettre en place des contrôles pour réduire la probabilité ou l'impact du risque (ex. : déploiement de pare-feux, chiffrement des données, formation des employés à la sécurité).
     - **Transfert du risque :** Transférer le risque à une tierce partie, par exemple via une assurance ou l'externalisation de certaines

fonctions (ex. : fournisseurs cloud avec mesures de sécurité robustes).

- **Acceptation du risque :** Reconnaître le risque et décider de l'accepter lorsque le coût de son atténuation est supérieur à son impact potentiel (ex. : événements à faible risque aux conséquences minimes).

5. **RISQUE RÉSIDUEL :**
    - Le risque résiduel correspond au risque restant après la mise en œuvre de contrôles pour atténuer ou gérer le risque initial. Malgré les efforts déployés, un certain niveau de risque persiste toujours. L'objectif est de réduire ce risque résiduel à un niveau acceptable, en cohérence avec l'appétence au risque de l'organisation.

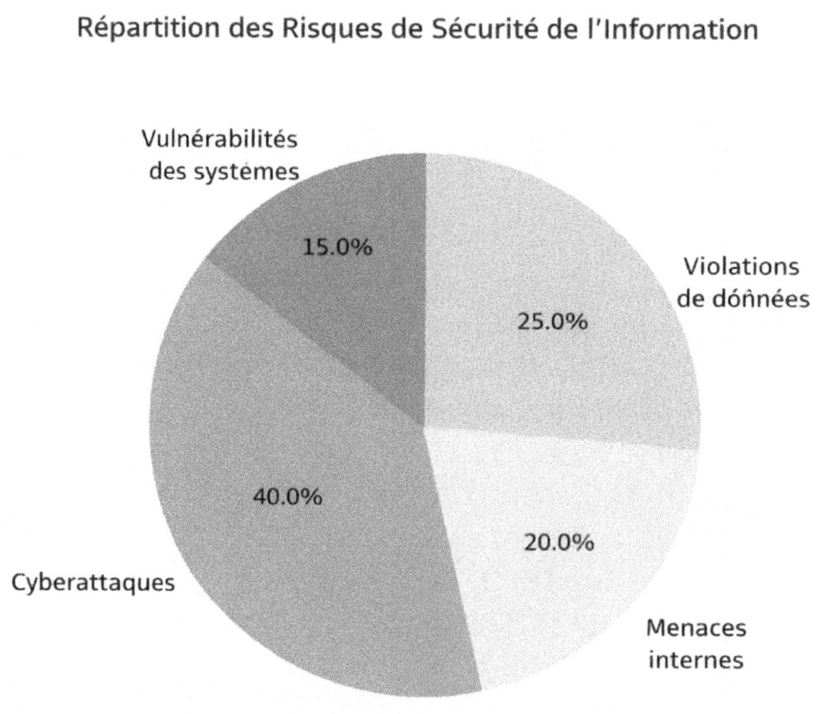

LE PROCESSUS DE GESTION DES RISQUES EN SECURITE DE L'INFORMATION

Le processus de gestion des risques selon ISO 27001:2022 comprend les étapes clés suivantes :

1. **ÉTABLISSEMENT DU CONTEXTE:**
   - Avant d'identifier les risques, il est essentiel de comprendre le contexte dans lequel le SMSI opérera :
     - Identifier les facteurs internes et externes influençant les besoins en sécurité de l'information (dynamique du marché, exigences réglementaires, environnement technologique).
     - Définir le périmètre du SMSI, incluant les actifs informationnels, processus métiers et départements concernés par la gestion des risques.
     - Déterminer l'appétence au risque de l'organisation, c'est-à-dire le niveau de risque acceptable que l'organisation est prête à tolérer.
2. **IDENTIFICATION DES RISQUES :**
   - Identifier tous les risques potentiels pesant sur les actifs informationnels :
     - Examiner les systèmes d'information pour détecter les menaces potentielles à la confidentialité, l'intégrité et la disponibilité (ex. : piratage, fuite ou perte de données).
     - Impliquer les parties prenantes clés (équipes IT, dirigeants, conseillers juridiques) pour identifier les risques internes et externes.
     - Utiliser des modèles de menace pour détecter les vecteurs d'attaque possibles, vulnérabilités et lacunes de sécurité.
3. **ÉVALUATION DES RISQUES :**
   - Évaluer les risques identifiés selon leur probabilité et impact :
     - **Probabilité :** la chance qu'un événement de risque se produise.
     - **Impact :** les conséquences potentielles si le risque se matérialise (perte de données clients, sanctions financières, atteinte à la réputation).
   - Utiliser des méthodes qualitatives ou quantitatives pour évaluer ces dimensions et prioriser les risques en fonction de leur gravité.
   -

4. **ÉVALUATION ET HIERARCHISATION DES RISQUES :**
    - Comparer les risques évalués avec l'appétence au risque de l'organisation pour déterminer ceux nécessitant un traitement.
    - Déterminer si les contrôles existants sont suffisants ou si des mesures supplémentaires sont nécessaires pour réduire le risque à un niveau acceptable.
5. **TRAITEMENT DES RISQUES :**
    - Décider comment gérer chaque risque identifié en choisissant une stratégie appropriée : éviter, atténuer, transférer ou accepter.
    - Développer des plans de traitement précisant les contrôles à mettre en œuvre, les responsables de leur application et les délais associés.
6. **SURVEILLANCE ET REVISION DES RISQUES :**
    - Surveiller en permanence et réviser l'efficacité des contrôles mis en place :
        - Contrôler les risques résiduels pour s'assurer qu'ils restent dans les limites acceptables.
        - Effectuer des audits réguliers pour vérifier le respect et l'efficacité des contrôles.
        - Mettre à jour les évaluations et plans de traitement des risques en fonction de l'apparition de nouveaux risques ou des évolutions du contexte.
7. **AMÉLIORATION CONTINUE:**
    - ISO 27001:2022 insiste sur l'amélioration continue du SMSI.
    - Évaluer le processus de gestion des risques, identifier les axes d'amélioration et ajuster les mesures pour renforcer la posture de sécurité face aux menaces évolutives.

EXEMPLES DE RISQUES COURANTS EN SECURITE DE L'INFORMATION

1. **CYBERATTAQUES:**
    - Exemples : phishing, ransomware, déni de service (DoS), infections par malware.
    - Traitement : pares-feux, systèmes de détection d'intrusion (IDS), formation des employés, filtrage des emails.
2. **MENACES INTERNES:**

  - Exemples : employés ou sous-traitants compromettant intentionnellement ou par erreur les données.
  - Traitement : vérifications d'antécédents, contrôles d'accès stricts, surveillance des utilisateurs, révision régulière des rôles.
3. **FUITES DE DONNÉES:**
  - Exemples : données non chiffrées consultées par des personnes non autorisées ou erreurs humaines.
  - Traitement : chiffrement des données sensibles, systèmes de prévention des pertes de données (DLP), formation des employés.
4. **VULNÉRABILITÉS DES SYSTÈMES:**
  - Exemples : logiciels vulnérables, réseaux mal configurés, systèmes non patchés.
  - Traitement : mises à jour et correctifs réguliers, évaluations de vulnérabilité, tests d'intrusion.
  -

CONCLUSION

Comprendre et gérer les risques en matière de sécurité de l'information est essentiel pour la réussite d'un SMSI selon ISO 27001:2022. En suivant un processus structuré de gestion des risques, les organisations peuvent identifier, évaluer et atténuer efficacement les menaces pesant sur leurs actifs informationnels. Une gestion proactive des risques permet de répondre aux incidents de sécurité, de minimiser leur impact et d'assurer la continuité des opérations. Cette approche basée sur les risques aide particulièrement les petites entreprises à sécuriser leurs informations, à respecter les exigences légales et réglementaires, et à renforcer la confiance des parties prenantes.

METHODOLOGIE D'EVALUATION DES RISQUES SELON ISO 27001:2022

L'évaluation des risques constitue un élément central d'ISO 27001:2022, fournissant la base pour identifier, analyser et gérer les risques liés à la sécurité de l'information. Cette méthodologie structurée permet aux organisations d'évaluer et de prioriser les risques selon leur impact potentiel et leur probabilité, facilitant ainsi l'allocation efficace des ressources pour protéger les informations et respecter les exigences de sécurité.

Pour les petites entreprises, cette méthodologie est particulièrement utile, car elle permet de concentrer les ressources limitées sur les risques les plus critiques et d'assurer la protection des informations sensibles.

ÉTAPES CLES DE LA METHODOLOGIE D'EVALUATION DES RISQUES

1. **ÉTABLISSEMENT DU CONTEXTE**
   - Définir le périmètre du SMSI et ses limites.
   - Comprendre les objectifs organisationnels et aligner l'évaluation des risques sur ces objectifs.
   - Identifier les facteurs internes et externes pouvant influencer la posture de sécurité de l'information (technologie, régulations, dynamique du marché).
   - Définir les critères de risque, y compris le niveau de risque acceptable et l'appétence au risque de l'organisation.
2. **IDENTIFICATION DES RISQUES**
   - Identifier les risques potentiels pesant sur les actifs informationnels :
     - **Menaces** : cyberattaques, menaces internes, catastrophes naturelles, défaillances systèmes.
     - **Vulnérabilités** : pratiques de sécurité faibles, logiciels non corrigés, contrôles d'accès insuffisants.
     - **Impacts** : pertes financières, atteinte à la réputation, sanctions légales.
   - Impliquer les parties prenantes (IT, direction, consultants externes) via ateliers, interviews ou sessions de brainstorming pour identifier tous les risques possibles.
3. **ÉVALUATION ET ANALYSE DES RISQUES**
   - Déterminer la **probabilité** et l'**impact** de chaque risque pour en évaluer la gravité.
   - Méthodes d'analyse :
     - **Qualitative** : évaluation subjective avec échelles de probabilité et d'impact (élevé, moyen, faible).
     - **Quantitative** : estimation chiffrée, par exemple le coût potentiel d'une fuite de données.
   - Représenter les risques sur une **matrice des risques** pour prioriser ceux nécessitant une action.

-

4. **ÉVALUATION DES RISQUES**
   - Comparer les résultats de l'évaluation avec les critères de risque de l'organisation.
   - Décider des mesures à appliquer :
     - **Traitement du risque** : réduire le risque via des contrôles et mesures de mitigation.
     - **Acceptation du risque** : tolérer un risque faible ou acceptable.
     - **Transfert du risque** : externaliser ou souscrire une assurance.
5. **TRAITEMENT DES RISQUES**
   - Options principales :
     - **Évitement** : supprimer l'activité ou modifier les processus pour éliminer le risque.
     - **Atténuation** : réduire la probabilité ou l'impact (ex. : chiffrement, pares-feux, formation du personnel).
     - **Transfert** : transférer le risque à un tiers ou via assurance.
     - **Acceptation** : tolérer le risque si son impact est faible.
   - Définir et mettre en œuvre les contrôles conformément au **Statement of Applicability (SoA)** qui recense les contrôles de sécurité sélectionnés pour le SMSI.
6. **SURVEILLANCE ET REVISION DES RISQUES**
   - Surveiller en continu l'efficacité des mesures appliquées.
   - Réaliser des audits internes et des revues pour évaluer le SMSI et le processus de gestion des risques.
   - Réévaluer les risques suite à des changements importants : nouvelles technologies, nouvelles régulations, évolutions stratégiques.
   - Identifier les axes d'amélioration et mettre à jour les plans de traitement en conséquence.

CONCLUSION

La méthodologie d'évaluation des risques selon ISO 27001:2022 offres une approche systématique pour identifier, évaluer, traiter et surveiller les risques liés à la sécurité de l'information. Elle permet aux organisations, et particulièrement aux petites entreprises, de prioriser les risques en fonction de leur impact et de leur probabilité, d'allouer efficacement les ressources et de mettre en œuvre des contrôles de sécurité appropriés. La gestion des risques n'est pas une activité ponctuelle, mais un processus continu nécessitant amélioration et adaptation face aux menaces émergentes, garantissant ainsi la protection des informations sensibles et la conformité aux exigences légales et réglementaires.

TRAITEMENT ET STRATEGIES D'ATTENUATION DES RISQUES DANS LA GESTION DE LA SECURITE DE L'INFORMATION (ISO 27001:2022)

INTRODUCTION AU TRAITEMENT ET A L'ATTENUATION DES RISQUES SELON ISO 27001:2022

Dans le cadre d'ISO 27001:2022, le **traitement des risques** consiste à sélectionner et à mettre en œuvre des mesures permettant de réduire les risques identifiés lors de l'évaluation à un niveau acceptable. Les stratégies d'atténuation visent à réduire la probabilité et l'impact des risques potentiels, tandis que le traitement englobe l'ensemble des approches de gestion des risques, incluant l'évitement, le transfert, l'acceptation ou la réduction des risques.

Une gestion efficace des risques garantit que le Système de Management de la Sécurité de l'Information (SMSI) protège la **confidentialité, l'intégrité et la disponibilité** des informations.

OPTIONS DE TRAITEMENT DES RISQUES DANS LE PROCESSUS DE GESTION ISO 27001:2022

Une fois les risques évalués et priorisés, l'organisation doit décider de la réponse appropriée. ISO 27001:2022 propose quatre grandes options :

1. **Évitement du risque (Risk Avoidance)** : Éliminer totalement la source du risque.
2. **Atténuation du risque (Risk Mitigation)** : Réduire la probabilité ou l'impact du risque.
3. **Transfert du risque (Risk Transfer)** : Déplacer le risque vers un tiers (ex. : assurance, externalisation).
4. **Acceptation du risque (Risk Acceptance)** : Accepter le risque s'il est dans la tolérance de l'organisation ou s'il est coûteux à traiter.

1. ÉVITEMENT DU RISQUE

L'évitement du risque consiste à **supprimer complètement la source du risque**, éliminant ainsi toute exposition à une menace donnée. Cette approche est souvent la plus efficace mais n'est pas toujours pratique, surtout dans les organisations fortement dépendantes des technologies numériques.

MISE EN ŒUVRE DANS LA SECURITE DE L'INFORMATION :

- **Abandon d'activités à risque** : Cesser d'utiliser un logiciel ou une technologie présentant des vulnérabilités critiques.
- **Refonte des processus** : Modifier les processus métiers pour éviter les risques, par exemple ne pas stocker de données sensibles sur des dispositifs vulnérables.
- **Élimination des technologies non sécurisées** : Éviter les technologies dont les contrôles de sécurité sont faibles ou incompatibles avec le SMSI.

EXEMPLE :
Une entreprise utilisant un logiciel obsolète vulnérable à certaines attaques peut décider de le remplacer par une solution plus sécurisée.

AVANTAGES :

- Élimine complètement le risque.
- Amélioration immédiate de la sécurité.

INCONVENIENTS :

- Coûts potentiels liés à l'abandon d'activités ou de technologies.
- Perte possible de capacités ou de services commerciaux.

2. ATTENUATION DU RISQUE

L'atténuation du risque est la stratégie la plus courante. Elle consiste à **réduire la probabilité ou l'impact du risque** grâce à des contrôles, politiques et procédures spécifiques.

MISE EN ŒUVRE DANS LA SECURITE DE L'INFORMATION :

- **Contrôles techniques** : Pares-feux, systèmes de détection d'intrusion (IDS), chiffrement.
- **Contrôle des accès** : Accès basé sur le rôle (RBAC), authentification multi-facteurs (MFA), principe du besoin de savoir.
- **Sensibilisation à la sécurité** : Formation des employés sur les bonnes pratiques, la détection des phishings et la protection des données.
- **Mises à jour et correctifs logiciels** : Maintenir les systèmes à jour pour réduire les vulnérabilités.

EXEMPLE :
Pour un risque de violation de données lié à des mots de passe faibles, la mitigation peut inclure l'adoption de politiques de mot de passe fort et l'implémentation de MFA.

AVANTAGES :

- Réduit le risque sans supprimer l'activité sous-jacente.
- Souvent plus réaliste que l'évitement total.

INCONVENIENTS :

- Ne supprime pas complètement le risque, laissant un **risque résiduel**.
- Mise en œuvre des contrôles pouvant nécessiter temps et ressources significatives.

3. TRANSFERT DU RISQUE (RISK TRANSFER)

Le transfert de risque consiste à **déplacer la responsabilité d'un risque vers un tiers**, généralement par le biais d'assurances ou de l'externalisation de certaines fonctions. Cette approche permet à l'organisation de partager ou de déléguer la gestion du risque.

MISE EN ŒUVRE DANS LA SECURITE DE L'INFORMATION :

- **Assurance cybersécurité** : Souscrire une assurance pour couvrir les pertes financières éventuelles liées aux violations de données, attaques informatiques ou interruptions d'activité. Cette solution n'élimine pas le risque mais offre un filet de sécurité en cas de matérialisation.

- **Externalisation de services de sécurité** : Confier certaines fonctions de sécurité à des prestataires spécialisés (fournisseurs cloud, MSSP – Managed Security Service Providers). Le risque lié aux services du fournisseur est transféré à ce dernier, à condition qu'il respecte les normes et bonnes pratiques de sécurité.

EXEMPLE :
Une entreprise peut transférer le risque d'une violation de données via une assurance cybernétique. En cas d'incident, l'assurance couvre les pertes financières.

AVANTAGES :

- Protection financière contre certains types de risques.
- Responsabilité de gestion du risque partagée avec des prestataires spécialisés.

INCONVENIENTS :

- L'assurance peut ne pas couvrir tous les types de risques ou offrir une couverture insuffisante.
- L'organisation conserve un **risque résiduel** qui peut ne pas être couvert par les accords avec des tiers.

4. ACCEPTATION DU RISQUE (RISK ACCEPTANCE)

L'acceptation du risque consiste à **reconnaître l'existence d'un risque sans prendre de mesures pour le réduire**, généralement lorsque le risque est jugé acceptable ou que le coût de sa mitigation dépasse son impact potentiel.

MISE EN ŒUVRE DANS LA SECURITE DE L'INFORMATION :

- **Risques à faible impact** : Les organisations peuvent accepter des risques mineurs qui n'affectent pas significativement les opérations ou la réputation.
- **Coût de mitigation vs impact** : Lorsqu'un risque est coûteux à traiter et que son impact potentiel est faible, il peut être plus rentable de l'accepter.

EXEMPLE :
Une entreprise peut accepter le risque d'une vulnérabilité mineure sur un système ancien prévu pour être retiré bientôt, car le coût pour corriger cette faille est supérieur à l'impact potentiel.

AVANTAGES :

- Solution la plus économique pour les risques mineurs.
- Permet de concentrer les ressources sur les risques critiques.

INCONVENIENTS :

- L'organisation doit être prête à gérer les conséquences potentielles si le risque se matérialise.
- Certains risques peuvent être sous-estimés, entraînant des impacts inattendus.

5. SURVEILLANCE ET REVISION DES RISQUES

Après la mise en œuvre des stratégies de traitement, il est essentiel de **surveiller et de réviser régulièrement les risques** ainsi que l'efficacité des mesures mises en place.

MISE EN ŒUVRE DANS LA SECURITE DE L'INFORMATION :

- **Audits réguliers** : Contrôler l'efficacité des actions de traitement et des contrôles du SMSI via des audits internes.
- **Révisions des risques** : Adapter les plans de traitement en fonction de nouvelles menaces, priorités commerciales ou exigences réglementaires.
- **Suivi des incidents** : Analyser les incidents de sécurité pour évaluer l'efficacité des mesures et ajuster les traitements si nécessaire.

CONCLUSION

Les **stratégies de traitement et d'atténuation des risques** sont des composantes essentielles d'ISO 27001:2022. En choisissant la méthode appropriée — évitement, atténuation, transfert ou acceptation — les organisations peuvent gérer efficacement leurs risques et protéger leurs actifs informationnels. La **surveillance et la révision régulières** garantissent que l'organisation reste résiliente face aux menaces évolutives.

Pour les **petites entreprises**, l'adoption d'une approche adaptée au contexte permet de **prioriser les ressources**, de gérer les risques proportionnellement et d'assurer une sécurité de l'information efficace tout en respectant les contraintes de coûts et de capacité.

CHAPITRE 4

PLANIFICATION ET MISE EN ŒUVRE PLANIFICATION DE LA GESTION DE LA SECURITE DE L'INFORMATION

La planification constitue une étape **cruciale** dans la mise en œuvre d'un Système de Management de la Sécurité de l'Information (SMSI) selon ISO 27001:2022. Elle permet à l'organisation d'adopter une approche **structurée et proactive** pour gérer les risques liés à la sécurité de l'information, protéger les données sensibles et atteindre les objectifs de sécurité définis. Une planification efficace crée les fondations de l'ensemble du SMSI, facilitant l'identification des risques, l'allocation des ressources nécessaires et la définition de stratégies pour protéger la **confidentialité, l'intégrité et la disponibilité** de l'information.

Ce chapitre détaille le processus de planification, allant de l'évaluation des risques à la définition des objectifs et à l'élaboration d'une feuille de route pour la mise en œuvre.

ÉTAPES CLES DE LA PLANIFICATION POUR LA GESTION DE LA SECURITE DE L'INFORMATION

1. ÉTABLIR LE CONTEXTE DE LA SECURITE DE L'INFORMATION

La première étape consiste à **définir le contexte** dans lequel le SMSI sera mis en place. Cela implique de comprendre les facteurs internes et externes pouvant influencer les efforts de sécurité de l'organisation. Une analyse approfondie de l'environnement opérationnel, technologique, juridique et culturel est nécessaire.

CONTEXTE INTERNE :

- Structure organisationnelle et processus métier existants.
- Contrôles de sécurité déjà en place et ressources disponibles.
- Rôles et responsabilités des employés dans la sécurité de l'information.
- Identification des forces et des faiblesses pouvant influencer l'efficacité du SMSI.

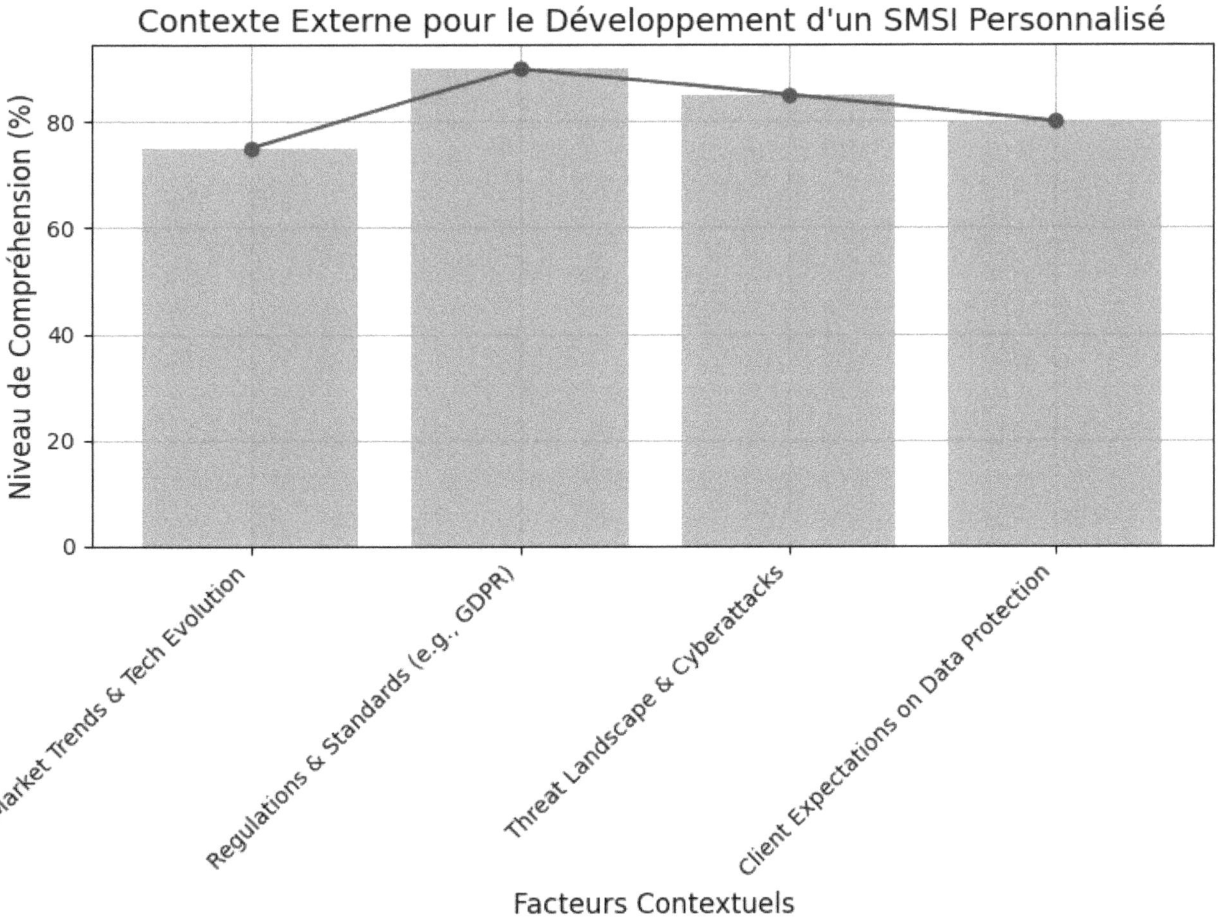

2. ÉVALUATION ET IDENTIFICATION DES RISQUES

L'évaluation des risques constitue le processus permettant d'**identifier, d'évaluer et de hiérarchiser** les risques potentiels liés à la sécurité de l'information. ISO 27001:2022 met l'accent sur une approche basée sur les risques, garantissant que les mesures de sécurité sont mises en œuvre là où elles sont le plus nécessaires pour réduire les menaces et vulnérabilités potentielles.

- **Identification des Risques :** Identifier tous les risques possibles pour les actifs informationnels, en tenant compte des menaces (cyberattaques, phishing, catastrophes naturelles) et des vulnérabilités (logiciels obsolètes, mots de passe faibles, manque de sensibilisation des employés).
- **Évaluation des Risques :** Estimer la probabilité de survenance de chaque risque et son impact potentiel sur l'organisation. Les risques sont ensuite classés par gravité afin de déterminer le niveau de réponse approprié.
- **Traitement des Risques :** Décider des mesures à adopter pour gérer chaque risque : atténuation, transfert (assurance), acceptation ou évitement.

Le **plan de traitement des risques** élaboré lors de cette étape constitue la pierre angulaire du SMSI et guide l'organisation dans la mise en œuvre des contrôles et mesures nécessaires pour gérer les risques identifiés.

3. DEFINITION DES OBJECTIFS DE SECURITE DE L'INFORMATION

Après l'évaluation des risques et l'identification des mesures de traitement, la direction doit définir des **objectifs de sécurité de l'information clairs et mesurables**, alignés avec les objectifs métier et les exigences de sécurité.

- **Objectifs SMART :** Les objectifs doivent être **Spécifiques, Mesurables, Atteignables, Réalistes et Temporellement définis**. *Exemple : « Réduire de 30 % le nombre d'attaques de phishing réussies au cours des 12 prochains mois. »*
- **Alignement avec les objectifs métier :** Les objectifs de sécurité doivent soutenir les objectifs stratégiques globaux, par exemple en visant l'obtention de certifications ISO 27001:2022 pour renforcer la réputation de l'entreprise.
- **Allocation des ressources :** Chaque objectif doit inclure un plan de ressources nécessaires : personnel, budget, technologies et outils.

Des objectifs clairs permettent d'**évaluer la performance** du SMSI et d'assurer que sa mise en œuvre progresse conformément aux attentes.

4. DEFINITION DU PERIMETRE DU SMSI

Le périmètre définit les **actifs informationnels, processus métier, départements et infrastructures** inclus dans le SMSI.

- **Détermination du périmètre :** Inclure tous les actifs critiques tout en tenant compte des besoins opérationnels. Prioriser les zones à risque élevé avant d'étendre le SMSI à d'autres domaines.
- **Alignement avec l'évaluation des risques :** Les zones présentant la plus grande exposition au risque doivent être couvertes en priorité.
- **Implication des parties prenantes :** Impliquer les responsables internes pour éviter toute ambiguïté sur les responsabilités et garantir que tous les domaines pertinents sont couverts.

Un périmètre bien défini permet de **réduire la complexité**, concentrer les ressources sur les zones prioritaires et aligner le SMSI avec les objectifs de gestion des risques.

5. PLANIFICATION ET ALLOCATION DES RESSOURCES

La planification efficace nécessite des ressources **financières, humaines et technologiques** suffisantes. La direction doit s'assurer que le SMSI dispose du soutien nécessaire.

- **Ressources financières :** Budget pour les outils, systèmes et services de sécurité (pares-feux, systèmes de détection d'intrusion, logiciels de chiffrement).
- **Ressources humaines :** Personnel qualifié pour gérer et exécuter les tâches de sécurité, y compris des responsables sécurité et des auditeurs.
- **Ressources technologiques :** Outils et infrastructures nécessaires pour mettre en œuvre les mesures de sécurité, incluant logiciels, matériels et réseaux sécurisés.

Une planification appropriée garantit que le SMSI est **effectif et durable**, sans retards dus à un manque de ressources.

6. DOCUMENTATION ET PROCEDURES

Un SMSI bien documenté est essentiel pour la **conformité ISO 27001:2022** et pour assurer une gestion cohérente et efficace de la sécurité de l'information.

- **Procédures documentées :** Développer et documenter les processus critiques, tels que l'évaluation des risques, la gestion des incidents et les audits.

- **Contrôle des documents :** Assurer l'accessibilité, la mise à jour régulière et la conservation sécurisée des documents.
- **Documentation de conformité :** Maintenir un registre des actions pour respecter les obligations légales, réglementaires et contractuelles, utile pour les audits et la certification.

7. MISE EN ŒUVRE DU SMSI

Après la planification et l'allocation des ressources, l'étape suivante consiste à **mettre en action le SMSI** :

- **Déploiement des contrôles de sécurité :** Mettre en œuvre les mesures prévues dans le plan de traitement des risques (pare-feux, chiffrement, politiques de contrôle d'accès).
- **Formation des employés :** Sensibiliser le personnel à ses responsabilités en matière de sécurité, à la détection du phishing et au stockage sécurisé des données.
- **Surveillance des systèmes :** Mettre en place des systèmes de surveillance (IDS, contrôle d'accès) pour assurer la sécurité continue et la performance des systèmes.

CONCLUSION

La **phase de planification** est essentielle pour assurer le succès de la mise en œuvre d'un SMSI selon ISO 27001:2022. Une planification structurée permet non seulement de traiter efficacement les risques liés à la sécurité de l'information, mais aussi d'aligner les initiatives de sécurité avec les objectifs métier. De l'évaluation des risques à la mise en œuvre des contrôles, en passant par l'allocation des ressources et la formation, chaque étape contribue à créer un SMSI robuste et efficace.

Une planification efficace prépare également le terrain pour une **amélioration continue**, garantissant que le SMSI reste adaptable aux menaces émergentes et aux évolutions de l'entreprise.

DETERMINATION DES OBJECTIFS DANS ISO 27001:2022

La détermination des objectifs de sécurité de l'information est une étape cruciale pour la mise en place d'un Système de Management de la Sécurité de l'Information (SMSI). Ces objectifs définissent la **direction et la finalité** du SMSI et garantissent son alignement avec les objectifs stratégiques globaux de l'organisation. Des objectifs clairs, mesurables et atteignables permettent de suivre l'efficacité du SMSI, de réduire les risques et de protéger les informations sensibles.

Les objectifs guident la mise en œuvre des contrôles, l'allocation des ressources et l'amélioration continue, permettant à l'organisation de gérer de manière proactive son environnement de sécurité et de respecter les exigences réglementaires.

POURQUOI DETERMINER DES OBJECTIFS DE SECURITE DE L'INFORMATION ?

1. **Orientation et finalité :** Les objectifs servent de feuille de route, précisant ce qui doit être accompli pour que le SMSI soutienne la mission et la vision de l'organisation.
2. **Mesurer le succès :** Des objectifs clairs permettent de suivre les progrès, d'identifier les lacunes dans les contrôles et d'améliorer la posture de sécurité de l'information.
3. **Allocation des ressources :** Ils permettent de prioriser l'allocation des ressources (budget, personnel, temps) aux domaines les plus critiques pour la gestion des risques.
4. **Conformité et obligations légales :** Les objectifs facilitent le respect des exigences légales, réglementaires et contractuelles (ex. GDPR, HIPAA).
5. **Amélioration continue :** Les objectifs servent de repères pour l'amélioration continue, permettant d'adapter le SMSI face aux menaces émergentes et aux changements de l'environnement professionnel.

CARACTERISTIQUES CLES DES OBJECTIFS DE SECURITE DE L'INFORMATION

1. **CRITERES SMART :**
   - **Spécifique :** L'objectif doit être clair et précis.

- **Mesurable :** Des indicateurs permettent de suivre la progression.
- **Atteignable :** L'objectif doit être réaliste selon les ressources disponibles.
- **Pertinent :** Aligné sur les objectifs globaux de l'organisation.
- **Temporel :** Avec un délai défini pour sa réalisation.

2. **ALIGNEMENT AVEC LES OBJECTIFS METIER :** Les objectifs doivent soutenir la mission et la stratégie globale, garantissant que le SMSI contribue également à la croissance et au développement de l'organisation.
3. **BASE SUR LES RISQUES :** Les objectifs doivent refléter les résultats de l'évaluation des risques, en adressant les menaces critiques pour les actifs informationnels.
4. **SURVEILLANCE ET REVISION CONTINUES :** Les objectifs doivent être régulièrement évalués pour ajuster les actions selon l'évolution des risques et des opportunités.

PROCESSUS DE DETERMINATION DES OBJECTIFS

1. **COMPRENDRE LES OBJECTIFS ORGANISATIONNELS ET LES BESOINS EN SECURITE :** Identifier les priorités stratégiques et les exigences réglementaires pour aligner les objectifs de sécurité. *Exemple : Un établissement de santé peut prioriser la protection des données des patients pour se conformer à HIPAA.*
2. **EFFECTUER UNE EVALUATION DES RISQUES :** Identifier les menaces et vulnérabilités critiques pour déterminer où concentrer les efforts. *Exemple : Si les employés sont vulnérables aux attaques de phishing, l'objectif pourrait viser à réduire ces incidents via la formation.*
3. **DEFINIR DES OBJECTIFS SMART :** Fixer des objectifs spécifiques avec des indicateurs de performance pour guider la mise en œuvre du SMSI. *Exemple : « Réduire de 40 % le nombre de tentatives de phishing réussies dans les 12 prochains mois grâce à une formation obligatoire pour tous les employés. »*
4. **PRIORISER LES OBJECTIFS :** Traiter en priorité les risques critiques pour allouer efficacement les ressources. *Exemple : Implémenter le chiffrement pour toutes les données sensibles des clients dans les six prochains mois.*
5. **ALLOUER LES RESSOURCES ET RESPONSABILITES :** Définir les ressources nécessaires et assigner des responsables pour chaque objectif.

Exemple : Le département IT est responsable du déploiement des outils de chiffrement et de la mise en œuvre des formations.

6. **SURVEILLER ET MESURER LES PROGRES :** Mettre en place des indicateurs et KPI pour suivre l'avancement et prendre des mesures correctives si nécessaire. *Exemple : Suivi de la participation des employés aux formations et de leur performance lors de simulations de phishing.*

TABLEAU : EXEMPLES D'OBJECTIFS DE SECURITE BASES SUR LES CRITERES SMART

Objectif	**Description**	**Critères SMART**
Réduire les attaques de phishing réussies	Diminuer de 40 % le nombre de phishing réussis en 12 mois grâce à la formation des employés	Spécifique : phishing ; Mesurable : 40 % ; Temporel : 12 mois
Implémenter le chiffrement des données	Chiffrer toutes les données sensibles des clients dans les 6 prochains mois	Spécifique : chiffrement ; Atteignable ; Temporel : 6 mois
Obtenir la certification ISO 27001	Obtenir la certification ISO 27001:2022 en 18 mois pour démontrer l'engagement envers la sécurité	Spécifique : ISO 27001 ; Mesurable : certification obtenue ; Temporel : 18 mois
Sensibiliser les employés à la sécurité	100 % des employés formés en 3 mois	Spécifique : formation ; Mesurable : 100 % ; Temporel : 3 mois
Améliorer le temps de réponse aux incidents	Réduire le temps de réponse de 20 % dans les 6 mois	Spécifique : réponse aux incidents ; Mesurable : 20 % ; Temporel : 6 mois

CONCLUSION

La détermination des objectifs de sécurité de l'information est un **élément fondamental** dans la mise en œuvre d'ISO 27001:2022. Des objectifs clairs et mesurables permettent de :

- Orienter les actions du SMSI.
- Garantir que les ressources sont utilisées efficacement.
- Réduire les risques et protéger les actifs informationnels.

- Maintenir la conformité aux exigences légales et réglementaires.
- Favoriser l'amélioration continue et l'adaptabilité face aux menaces émergentes.

Le suivi régulier et la révision des objectifs assurent que le SMSI reste **pertinent et efficace** dans la gestion des risques et la protection des informations critiques.

INTRODUCTION A L'ALLOCATION DES RESSOURCES ET A LA DOCUMENTATION

Dans le cadre de la mise en œuvre d'un Système de Management de la Sécurité de l'Information (SMSI) selon ISO 27001:2022, **l'allocation des ressources** et la **documentation** sont des piliers essentiels pour assurer la réussite, la pérennité et l'efficacité du système.

- **Allocation des ressources** : Processus consistant à fournir les ressources financières, humaines, technologiques et physiques nécessaires pour mettre en place et maintenir le SMSI.
- **Documentation** : Garantit que les politiques, procédures, décisions et actions relatives au SMSI sont clairement définies, accessibles et conformes aux exigences ISO 27001.

La norme ISO 27001:2022 exige que les organisations allouent des ressources appropriées pour l'établissement, la mise en œuvre, le maintien et l'amélioration continue du SMSI, tout en assurant une documentation complète pour garantir **cohérence, transparence et traçabilité**.

ALLOCATION DES RESSOURCES SELON ISO 27001:2022

Une allocation efficace des ressources est cruciale pour le succès du SMSI. Elle permet de s'assurer que les mesures de sécurité sont proportionnées aux risques identifiés, tout en évitant le gaspillage ou le sous-investissement.

1. RESSOURCES FINANCIÈRES

Fournir un budget suffisant pour la mise en œuvre et la maintenance des contrôles de sécurité.

- Financer les technologies de sécurité, les systèmes de réponse aux incidents et les programmes de formation.
- Réaliser une analyse coûts-bénéfices pour s'assurer que les ressources investies correspondent à l'impact potentiel des risques.

2. RESSOURCES HUMAINES

- Désigner un Responsable de la Sécurité de l'Information (ISO/CISO) et constituer une équipe dédiée.
- Former le personnel aux bonnes pratiques de sécurité et aux politiques internes.
- Impliquer les parties prenantes clés (IT, RH, juridique, finance) pour une approche globale de la sécurité.

3. RESSOURCES TECHNOLOGIQUES

- Mettre en place des technologies de sécurité : pare-feux, chiffrement, IDS, contrôle d'accès, etc.
- Assurer que l'infrastructure IT est sécurisée, évolutive et compatible avec le SMSI.
- Maintenir les systèmes à jour via patch management et surveillance continue.
- Garantir la sécurité et la conformité des services cloud si utilisés.

4. RESSOURCES PHYSIQUES

- Assurer la sécurité des installations : accès contrôlés, systèmes de suppression d'incendie, vidéosurveillance.
- Protéger les centres de données et salles serveurs par un contrôle d'accès et des mesures environnementales adaptées.

5. TEMPS ET PLANIFICATION

- Allouer un temps suffisant pour la planification, la mise en œuvre et la maintenance continue.
- Définir un calendrier réaliste pour l'implémentation des mesures de sécurité, les évaluations des risques et les audits.
- Utiliser la gestion de projet pour assurer l'efficacité du déploiement dans les délais impartis.

DOCUMENTATION DANS ISO 27001:2022

La documentation est essentielle pour démontrer la conformité et assurer une gestion cohérente de la sécurité de l'information.

OBJECTIFS DE LA DOCUMENTATION

- Décrire clairement les politiques, procédures et processus du SMSI.
- Garantir la traçabilité des décisions et actions de sécurité.
- Faciliter les audits internes et externes pour la conformité ISO 27001.

PRINCIPAUX ÉLEMENTS DOCUMENTES

1. **Procédures documentées** : Évaluation des risques, traitement des incidents, gestion des contrôles et audits.
2. **Contrôle des documents** : Maintenir les documents accessibles, à jour et sécurisés.
3. **Documentation de conformité** : Preuves des actions prises pour respecter les obligations légales, réglementaires et contractuelles.

CONCLUSION

L'allocation efficace des ressources et la documentation structurée sont des composantes clés pour le succès du SMSI.

- L'allocation des **ressources financières, humaines, technologiques et physiques** assure que les contrôles de sécurité sont correctement mis en œuvre et maintenus.
- La **documentation complète** garantit cohérence, traçabilité et conformité aux exigences ISO 27001.
- Une planification réaliste et un suivi rigoureux permettent de maintenir le SMSI opérationnel et résilient face aux menaces évolutives.

Ces deux piliers sont essentiels pour que l'organisation puisse protéger efficacement ses informations, respecter les exigences légales et réglementaires, et soutenir la continuité de ses activités.

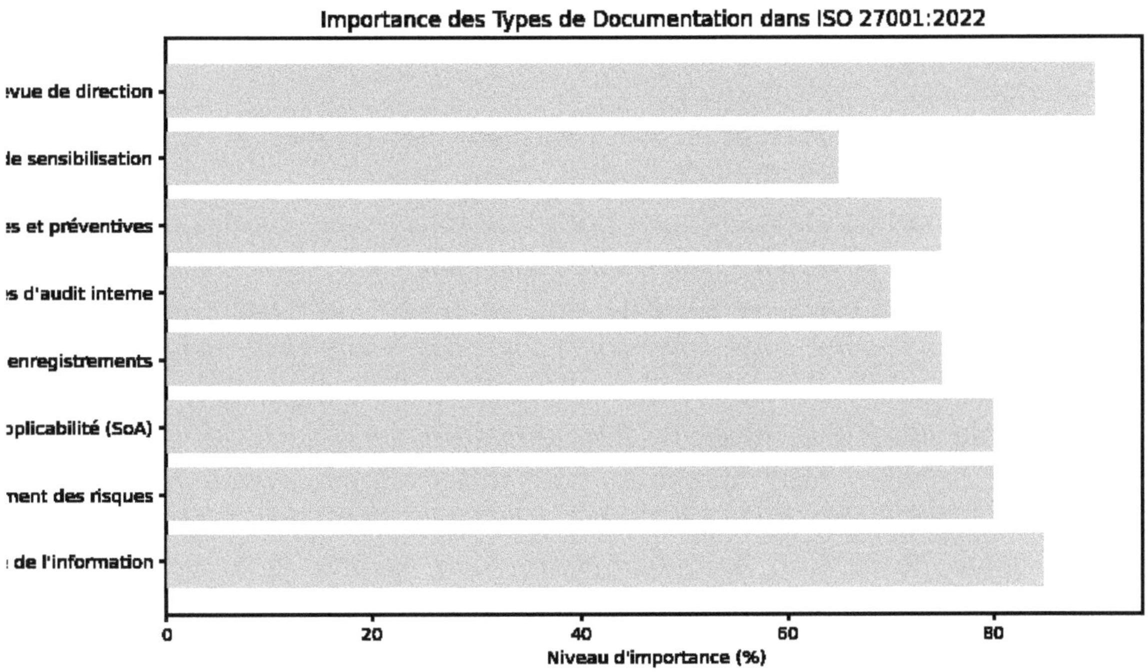

DOCUMENTATION DANS ISO 27001:2022

La **documentation** est un élément fondamental pour la conformité à ISO 27001:2022. Elle permet de garantir que le Système de Management de la Sécurité de l'Information (SMSI) est correctement mis en œuvre, exploité et continuellement amélioré. La documentation assure **transparence, cohérence et responsabilité** dans la gestion des risques liés à la sécurité de l'information.

Elle doit fournir un enregistrement clair de toutes les décisions, actions et mesures de sécurité mises en œuvre pour protéger les actifs informationnels. Les documents doivent être accessibles aux parties prenantes concernées, régulièrement mis à jour et conformes aux exigences de la norme.

TYPES DE DOCUMENTATION REQUIS DANS ISO 27001:2022

1. **POLITIQUE DE SECURITE DE L'INFORMATION**
   - Définit l'orientation générale en matière de sécurité de l'information.
   - Doit être documentée, approuvée par la direction et communiquée à toutes les parties prenantes.

-

2. **PLAN D'ÉVALUATION ET DE TRAITEMENT DES RISQUES**
    - Documente le processus d'identification, d'évaluation et de hiérarchisation des risques.
    - Le plan de traitement décrit comment les risques seront gérés et atténués, et l'efficacité des contrôles appliqués.
    - Doit être révisé régulièrement pour refléter l'évolution des risques.
3. **DECLARATION D'APPLICABILITE (SOA)**
    - Liste les contrôles de sécurité mis en place pour traiter les risques identifiés.
    - Fournit une justification pour l'inclusion ou l'exclusion de chaque contrôle selon le contexte de l'organisation.
    - Doit être mise à jour en continu pour rester alignée avec le SMSI.
4. **CONTROLE DES DOCUMENTS ET ENREGISTREMENTS**
    - Système de gestion des documents pour assurer la bonne création, révision, approbation et distribution.
    - Maintien d'un historique de modifications et stockage sécurisé des documents critiques (journaux d'audit, plans de traitement des risques).
5. **PROCEDURES D'AUDIT INTERNE**
    - Documente les audits internes pour évaluer la conformité et l'efficacité du SMSI.
    - Inclut les plans d'audit, les calendriers, les checklists et les rapports de suivi.
6. **PROCEDURES DE MESURES CORRECTIVES ET PREVENTIVES**
    - Décrit le processus de traitement des non-conformités, y compris l'investigation, la mise en œuvre des mesures correctives et la vérification de leur efficacité.
    - Les actions préventives doivent également être documentées pour traiter les risques avant qu'ils ne se matérialisent.
7. **ENREGISTREMENTS DE FORMATION ET SENSIBILISATION**
    - Maintient la preuve que le personnel a suivi les formations sur la sécurité de l'information.
    - Inclut la formation sur les politiques, la sensibilisation aux risques et la réponse aux incidents.
8. **RAPPORTS DE REVUE DE DIRECTION**
    - Documente les revues de direction pour évaluer la performance du SMSI.

- Permet à la direction d'identifier les actions correctives et les améliorations nécessaires.

TABLEAU : EXIGENCES DE DOCUMENTATION DANS ISO 27001:2022

Type de Documentation	Description
Politique de Sécurité de l'Information	Définit l'approche globale de la sécurité de l'information, approuvée par la direction et communiquée à l'organisation.
Plan d'Évaluation et de Traitement des Risques	Documente l'identification, l'évaluation et le traitement des risques, y compris les mesures à mettre en œuvre.
Déclaration d'Applicabilité (SoA)	Liste les contrôles de sécurité et justifie leur inclusion ou exclusion selon les risques identifiés.
Contrôle des Documents et Enregistrements	Assure la gestion correcte des documents et enregistrements du SMSI, avec contrôle des versions et distribution.
Procédures d'Audit Interne	Documente le processus des audits internes : plans, calendriers et rapports.
Procédures Correctives et Préventives	Décrit la gestion des non-conformités et la mise en œuvre des actions correctives et préventives.
Enregistrements de Formation et Sensibilisation	Maintient les preuves de la formation et de la sensibilisation des employés à la sécurité.
Rapports de Revue de Direction	Documente les résultats des revues de direction pour évaluer et améliorer le SMSI.

CONCLUSION

Une **allocation adéquate des ressources** et une **documentation complète** constituent les fondements d'un SMSI efficace selon ISO 27001:2022 :

- L'allocation des **ressources financières, humaines, technologiques et physiques** assure le soutien nécessaire à la mise en œuvre et à la maintenance du SMSI.
- La **documentation claire et à jour** garantit transparence, cohérence et traçabilité, tout en démontrant la conformité à la norme.

En combinant ces deux aspects, une organisation peut créer un SMSI **résilient, efficace et adaptable**, capable de protéger les informations sensibles et de répondre aux défis actuels et futurs en matière de sécurité de l'information.

CHAPITRE 5

ÉVALUATION DE LA PERFORMANCE ET AMELIORATION CONTINUE

SURVEILLANCE ET MESURE DE LA PERFORMANCE DU SMSI

Dans ISO 27001:2022, **la surveillance et la mesure de la performance du Système de Management de la Sécurité de l'Information (SMSI)** sont des activités essentielles pour garantir l'efficacité et l'efficience du système. L'évaluation de la performance permet à une organisation de vérifier si les contrôles de sécurité fonctionnent comme prévu, si les objectifs de sécurité de l'information sont atteints et si les risques sont gérés de manière proactive.

1. IMPORTANCE DE LA SURVEILLANCE ET DE LA MESURE

La surveillance et la mesure de la performance du SMSI sont essentielles pour :

- **Assurer l'efficacité continue :** Confirmer que les contrôles de sécurité fonctionnent efficacement et atténuent les risques.
- **Identifier les domaines d'amélioration :** Les indicateurs de performance permettent de détecter les insuffisances des contrôles et de les ajuster.
- **Conformité et audit :** Fournir des preuves objectives du fonctionnement du SMSI et de la protection des informations sensibles.
- **Soutenir la prise de décision :** Permettre aux dirigeants de prendre des décisions éclairées concernant les ressources, la gestion des risques et les améliorations du SMSI.
- **Favoriser l'amélioration continue :** Offrir un retour régulier pour renforcer le SMSI et s'adapter aux menaces émergentes.

2. COMPOSANTS CLES DE L'ÉVALUATION DE LA PERFORMANCE DU SMSI

ISO 27001:2022 recommande une approche structurée pour surveiller et mesurer la performance, incluant **indicateurs de performance, audits internes et revues de direction**.

A. INDICATEURS DE PERFORMANCE (KPIS)

Les **Key Performance Indicators (KPIs)** sont des mesures essentielles pour évaluer si le SMSI atteint ses objectifs. Les KPIs doivent être pertinents, mesurables et exploitables.

EXEMPLES DE KPIS POUR LE SMSI :

1. **Fréquence des incidents de sécurité :** Nombre d'incidents tels que violations de données ou attaques.
2. **Temps de réponse aux incidents :** Délai moyen pour détecter, réagir et résoudre un incident.
3. **Résultats des audits de conformité :** Pourcentage de conformité aux politiques et exigences réglementaires.
4. **Participation à la formation et sensibilisation :** Mesure de l'engagement des employés aux programmes de sécurité.
5. **Mise en œuvre du plan de traitement des risques :** Pourcentage de plans de traitement appliqués et efficaces.
6. **Conformité aux contrôles d'accès :** Respect des politiques d'accès et efficacité du contrôle basé sur les rôles.
7. **Disponibilité des systèmes :** Temps de fonctionnement des systèmes critiques et accessibilité des actifs informationnels.

PRINCIPES POUR ETABLIR LES KPIS :

- **Pertinence :** Alignés sur les objectifs de sécurité.
- **Mesurabilité :** Données quantifiables.
- **Actionnabilité :** Fournir des informations permettant des améliorations concrètes.
- **Périodicité :** Mesurés régulièrement (mensuellement ou trimestriellement).

B. AUDITS INTERNES

Les **audits internes** permettent de vérifier l'efficacité du SMSI et sa conformité à ISO 27001.

PROCESSUS D'AUDIT :

1. **Planification :** Définir le périmètre et identifier les processus à auditer.
2. **Exécution :** Collecter les preuves, interviewer le personnel, examiner la documentation.
3. **Rapport :** Rédiger un rapport détaillé incluant les non-conformités et points d'amélioration.
4. **Suivi :** Mettre en œuvre et vérifier les actions correctives pour résoudre les problèmes identifiés.

Les audits fournissent à la direction une vision claire de la performance du SMSI et permettent d'ajuster les mesures de sécurité si nécessaire.

C. REVUES DE DIRECTION

Les **revues de direction** sont des évaluations périodiques de la performance globale du SMSI, essentielles pour l'amélioration continue.

ACTIVITES CLES LORS D'UNE REVUE DE DIRECTION :

1. **Analyse des résultats d'audit :** Identifier les problèmes et évaluer l'efficacité des actions correctives.
2. **Évaluation par rapport aux objectifs :** Vérifier si les objectifs de sécurité sont atteints et si les risques sont bien maîtrisés.
3. **Évaluation des ressources :** Vérifier si les ressources allouées sont suffisantes et efficaces.
4. **Identification des opportunités d'amélioration :** Déterminer les actions pour renforcer le SMSI en fonction des audits et évaluations de performance.
5. **Définition de nouveaux objectifs :** Fixer des objectifs pour la prochaine période afin d'assurer l'amélioration continue et l'adaptation aux menaces émergentes.

3. AMELIORATION CONTINUE DU SMSI

L'amélioration continue est un principe fondamental de l'ISO 27001:2022. Le **Système de Management de la Sécurité de l'Information (SMSI)** n'est jamais statique et doit évoluer pour répondre aux nouvelles menaces, aux changements réglementaires et aux avancées technologiques. Le cycle **PDCA (Plan-Do-Check-Act)** est utilisé pour guider cette amélioration continue, garantissant que le SMSI fonctionne toujours de manière optimale.

LE CYCLE PDCA POUR L'AMELIORATION CONTINUE

1. **PLAN (PLANIFIER) :**
   - Définir les objectifs du SMSI et les processus nécessaires pour atteindre les résultats attendus.
   - Cela inclut la réalisation d'**évaluations des risques**, la détermination des objectifs et la mise en œuvre des contrôles appropriés.
2. **DO (FAIRE) :**
   - Mettre en œuvre les processus du SMSI en veillant à ce que tous les contrôles et procédures soient appliqués et que les ressources soient correctement allouées.
3. **CHECK (VERIFIER) :**
   - Surveiller et évaluer la performance du SMSI à travers les **audits internes**, les **indicateurs de performance (KPIs)** et les **revues de direction**.
4. **ACT (AGIR) :**
   - Prendre des actions correctives et préventives basées sur les résultats de l'évaluation.
   - Ajuster le SMSI pour améliorer continuellement ses performances et son efficacité.

Ce cycle est **perpétuel**, assurant que le SMSI s'adapte et évolue pour protéger de manière continue la sécurité de l'information de l'organisation.

TABLEAU : EXEMPLES DE KPIS POUR LE SUIVI ET LA MESURE DE LA PERFORMANCE DU SMSI

KPI	Description	Objectif / But
Fréquence des incidents de sécurité	Nombre d'incidents de sécurité (ex. violations, cyberattaques) sur une période donnée.	Mesurer l'efficacité de l'organisation dans la prévention des incidents.

Temps de réponse aux incidents	Durée moyenne pour détecter, réagir et résoudre les incidents.	Évaluer l'efficacité du processus de réponse aux incidents.
Sensibilisation des employés à la sécurité	Pourcentage d'employés ayant suivi les formations ou programmes de sensibilisation à la sécurité.	Évaluer la compréhension et le respect des politiques de sécurité par les employés.
Résultats des audits de conformité	Résultats des audits internes ou externes concernant la conformité à ISO 27001:2022 et autres réglementations.	Suivre la conformité et identifier les domaines d'amélioration.
Mise en œuvre du plan de traitement des risques	Pourcentage de risques identifiés traités ou atténués par les contrôles.	Évaluer l'efficacité de la stratégie de traitement des risques.
Disponibilité des systèmes	Pourcentage de temps pendant lequel les systèmes critiques sont disponibles sans interruption.	Mesurer la fiabilité et la disponibilité des systèmes d'information.
Conformité aux contrôles d'accès	Pourcentage de revues d'accès utilisateur effectuées dans les délais et conformément aux politiques.	Assurer que l'accès aux informations sensibles est correctement contrôlé.

CONCLUSION

La **surveillance et la mesure de la performance du SMSI** sont essentielles pour garantir que le système :

- Est efficace et aligné sur les objectifs organisationnels.
- S'adapte aux risques et aux exigences changeants.
- Permet une gestion proactive des risques et une amélioration continue.

En combinant l'utilisation de **KPIs**, la réalisation d'**audits internes** et la conduite de **revues de direction**, les organisations peuvent évaluer de manière continue la performance de leur SMSI, identifier les opportunités d'amélioration et assurer la conformité à ISO 27001:2022. Cette approche garantit que le SMSI reste résilient, performant et capable de protéger durablement les actifs informationnels critiques de l'organisation.

INTRODUCTION AUX AUDITS INTERNES ET AUX REVUES DE DIRECTION

Dans le cadre de l'**ISO 27001:2022**, les audits internes et les revues de direction sont essentiels pour évaluer et améliorer le **Système de Management de la Sécurité de l'Information (SMSI)**. Ces deux processus permettent de garantir que le SMSI reste efficace, conforme et en amélioration continue face aux menaces et aux besoins de l'organisation.

- **Audits internes :** Évaluent la performance et la conformité du SMSI par rapport aux politiques, procédures et contrôles établis, identifiant les écarts ou non-conformités pour permettre la mise en place d'actions correctives.
- **Revues de direction :** Conduites par la direction, elles évaluent la performance globale du SMSI et s'assurent de son alignement avec les objectifs stratégiques de l'organisation, permettant la prise de décisions stratégiques pour l'amélioration continue.

Ces deux processus garantissent un SMSI robuste, adaptable et conforme aux exigences de l'ISO 27001:2022 et aux obligations réglementaires.

1. AUDITS INTERNES DANS ISO 27001:2022

Les audits internes permettent une **évaluation systématique et indépendante** de l'efficacité du SMSI et de son alignement avec les exigences de la norme.

OBJECTIFS CLES DES AUDITS INTERNES :

- **Vérifier la conformité :** S'assurer que le SMSI respecte les politiques, contrôles et procédures ISO 27001:2022 et la législation applicable.
- **Identifier les non-conformités :** Détecter les faiblesses ou écarts dans le SMSI pour corriger avant que des incidents ne surviennent.
- **Évaluer l'efficacité :** Vérifier si les contrôles mis en place atténuent efficacement les risques.
- **Favoriser l'amélioration continue :** Fournir des recommandations actionnables pour optimiser le SMSI.

PROCESSUS D'AUDIT INTERNE :

1. **PLANIFICATION DE L'AUDIT :**
    - Définir le périmètre et les critères de l'audit (ISO 27001, politiques internes, etc.).
    - Planifier le calendrier pour couvrir l'ensemble du SMSI sur le temps.
2. **PREPARATION :**
    - Examiner les documents pertinents (politiques, procédures, rapports d'audit précédents, évaluations de risques).
    - S'assurer de l'accès aux informations et aux ressources nécessaires (entretiens, systèmes, enregistrements).
3. **REALISATION DE L'AUDIT :**
    - Collecte de preuves via interviews, vérifications documentaires et inspections sur site.
    - Identifier les non-conformités et évaluer l'efficacité des actions correctives précédentes.
4. **RAPPORT D'AUDIT :**
    - Détaille le périmètre, la méthodologie, les constatations et les recommandations.
    - Présentation à la direction et discussion avec les parties prenantes.
5. **SUIVI ET ACTIONS CORRECTIVES :**
    - Mettre en œuvre les actions correctives et préventives.
    - Effectuer un audit de suivi pour confirmer l'efficacité des mesures prises.

2. REVUES DE DIRECTION DANS ISO 27001:2022

Les revues de direction visent à **évaluer la performance globale du SMSI**, son alignement avec les objectifs stratégiques et sa capacité à gérer les risques. Elles sont conduites périodiquement par la direction.

OBJECTIFS CLES :

- **Évaluer l'efficacité du SMSI** : Vérifier l'atteinte des objectifs et l'efficacité des mesures de sécurité.
- **Analyser les besoins en ressources** : Déterminer si les ressources financières, humaines et technologiques sont suffisantes.

- **Identifier les opportunités d'amélioration** : Renforcer le SMSI pour mieux gérer les risques et se conformer aux réglementations.
- **Décisions stratégiques** : Définir de nouveaux objectifs, ajuster les priorités ou allouer des ressources supplémentaires.

PROCESSUS DE REVUE DE DIRECTION :

1. **EXAMEN DE LA PERFORMANCE DU SMSI :**
   - Analyse des KPIs, résultats d'audit, rapports d'incidents et décisions antérieures.
   - Vérification de l'atteinte des objectifs de sécurité de l'information.
2. **ÉVALUATION DES RESSOURCES :**
   - Vérification de l'adéquation des ressources allouées et identification de contraintes éventuelles.
3. **ÉVALUATION DE LA CONFORMITE :**
   - Vérification de la conformité légale et réglementaire et de l'efficacité des contrôles existants.
4. **REVUE DES PLANS D'EVALUATION ET DE TRAITEMENT DES RISQUES :**
   - Ajustement des plans si de nouveaux risques apparaissent ou si l'importance des risques existants change.
5. **AMELIORATION CONTINUE :**
   - Identifier des opportunités pour renforcer le SMSI sur la base des audits, incidents et KPIs.
6. **DEFINITION DE NOUVEAUX OBJECTIFS :**
   - Fixer ou réviser des objectifs SMART pour maintenir l'alignement avec les priorités stratégiques.
7. **DECISIONS ACTIONNABLES :**
   - Approuver les plans d'actions correctives, allocations de ressources et initiatives de sécurité pour soutenir l'amélioration continue.

TABLEAU : ACTIVITES CLES DES AUDITS INTERNES ET DES REVUES DE DIRECTION

Activité	Audit Interne	Revue de Direction
Objectif	Évaluer l'efficacité et la conformité du SMSI.	Évaluer la performance globale du SMSI et son alignement avec les objectifs organisationnels.

Fréquence	Régulière, souvent annuelle ou semi-annuelle.	Réalisée à intervalles réguliers (par ex., annuelle ou trimestrielle).
Domaines d'Intérêt	Conformité aux politiques de sécurité, efficacité des contrôles, identification des non-conformités.	Évaluation de la performance, allocation des ressources, revue des incidents, conformité et amélioration continue.
Entrées	Résultats d'audit, non-conformités, incidents de sécurité, retours des employés.	Résultats d'audit, évaluations des risques, rapports KPI, indicateurs de performance de la direction.
Résultat	Rapport d'audit avec constats, recommandations et actions correctives.	Décisions sur l'allocation des ressources, nouveaux objectifs, ajustements des traitements des risques et actions correctives.
Action	Actions correctives pour combler les non-conformités et lacunes en sécurité.	Décisions stratégiques, nouveaux objectifs de sécurité, ajustement des ressources et plans d'amélioration continue.

CONCLUSION

Les **audits internes** et les **revues de direction** sont essentiels pour garantir que le SMSI reste efficace, conforme et en amélioration continue. Les audits internes offrent une évaluation approfondie du SMSI, identifiant les non-conformités et les opportunités d'amélioration. Les revues de direction, conduites par la direction, permettent d'évaluer la performance globale du SMSI, d'aligner ses actions avec les objectifs stratégiques et de guider les décisions organisationnelles. Ensemble, ces processus assurent la conformité à l'**ISO 27001:2022** tout en favorisant l'amélioration continue des contrôles de sécurité, de la gestion des risques et de l'adaptation aux évolutions réglementaires et commerciales.

ACTIONS CORRECTIVES ET PROCESSUS D'AMELIORATION CONTINUE SELON ISO 27001:2022

INTRODUCTION

Dans ISO 27001:2022, les **actions correctives** et l'**amélioration continue** sont des composantes essentielles d'un Système de Management de la Sécurité de l'Information (SMSI) efficace. Ces processus permettent à l'organisation de :

- Identifier les non-conformités,
- Mettre en œuvre des actions correctives pour résoudre les problèmes,
- Apporter des améliorations continues pour renforcer la performance globale du SMSI.

Les **actions correctives** visent à traiter les causes profondes des défaillances, tandis que l'**amélioration continue** consiste à effectuer des améliorations incrémentales pour aligner le SMSI avec les besoins évolutifs de sécurité de l'organisation.

ACTIONS CORRECTIVES DANS ISO 27001:2022

DEFINITION : Une action corrective consiste à traiter la cause profonde d'une non-conformité dans le SMSI. Les non-conformités peuvent être identifiées lors d'audits internes, d'incidents de sécurité, d'évaluations des risques ou de revues de direction.

OBJECTIF PRINCIPAL : Éliminer les causes des non-conformités afin d'éviter leur récurrence et améliorer l'efficacité du SMSI.

PROCESSUS DES ACTIONS CORRECTIVES :

1. **Identifier la Non-Conformité :** Détecter un incident, une défaillance de contrôle ou un écart par rapport aux politiques et procédures.
2. **Analyse des Causes Racines :** Déterminer l'origine du problème (défaillance de contrôle, manque de formation, erreur humaine, processus inefficace).
3. **Élaborer un Plan d'Action Corrective :** Définir les actions à entreprendre, les responsables et le calendrier de mise en œuvre.
4. **Mettre en Œuvre les Actions Correctives :**
   - Renforcer les contrôles (pare-feu, chiffrement, etc.)
   - Mettre à jour les politiques et procédures
   - Former le personnel
5. **Vérifier l'Efficacité :** S'assurer que l'action corrective élimine la non-conformité et empêche sa réapparition (audit de suivi, tests, évaluation).

6. **Documentation et Revue :** Documenter le processus complet, les résultats et les mesures correctives mises en œuvre pour preuve de conformité.

EXEMPLES :

- Révision du plan de réponse aux incidents suite à une gestion inefficace d'une violation de données.
- Correction d'une vulnérabilité dans un contrôle de sécurité par mise à jour, surveillance et contrôle des accès.

AMELIORATION CONTINUE DANS ISO 27001:2022

DEFINITION : L'amélioration continue est le processus systématique d'optimisation de l'efficacité du SMSI pour s'adapter aux menaces émergentes, aux changements réglementaires et aux besoins organisationnels.

CYCLE PDCA (PLAN-DO-CHECK-ACT) POUR L'AMELIORATION CONTINUE :

1. **Plan (Planifier) :** Définir le SMSI, les objectifs de sécurité et les risques à traiter.
2. **Do (Réaliser) :** Mettre en œuvre les contrôles et processus planifiés.
3. **Check (Vérifier) :** Évaluer la performance via audits, indicateurs et revues.
4. **Act (Agir) :** Apporter des corrections, ajuster les objectifs et améliorer le SMSI.

PROCESSUS D'AMELIORATION CONTINUE :

1. **Surveillance de la Performance :** Utilisation de KPI, audits et rapports d'incidents pour identifier les faiblesses.
2. **Identifier les Opportunités :** Déterminer les améliorations possibles des contrôles, processus ou technologies.
3. **Mettre en Œuvre les Améliorations :** Déployer des actions concrètes et suivre leur impact.
4. **Revoir et Ajuster les Objectifs :** Adapter les objectifs de sécurité aux nouveaux risques et besoins.

5. **Engagement des Parties Prenantes :** Impliquer employés, fournisseurs et clients pour identifier les axes d'amélioration.
6. **Documentation et Rapport :** Documenter toutes les actions et résultats, intégrés dans les revues de direction.

TABLEAU : ÉTAPES CLES DES ACTIONS CORRECTIVES ET DE L'AMELIORATION CONTINUE

Étape	Actions Correctives	Amélioration Continue
1	Identifier la non-conformité (audit, incident, contrôle défaillant)	Surveiller la performance du SMSI via KPI, audits et incidents
2	Analyse des causes racines	Identifier les opportunités d'amélioration à partir des audits et évaluations des risques
3	Développer un plan d'action corrective	Élaborer des plans d'action pour améliorer processus, contrôles et conformité
4	Mettre en œuvre les actions correctives	Déployer les améliorations et suivre leur impact
5	Vérifier l'efficacité	Évaluer en continu l'efficacité des améliorations
6	Documentation et revue	Documenter les améliorations, suivre les progrès et ajuster les objectifs de sécurité

CONCLUSION

Les **actions correctives** et l'**amélioration continue** garantissent qu'un SMSI reste efficace, adaptable et résilient face aux menaces émergentes. Les actions correctives traitent les non-conformités spécifiques, tandis que l'amélioration continue, guidée par le **cycle PDCA**, optimise en permanence les processus et les contrôles de sécurité. Ensemble, ces processus permettent de protéger les informations sensibles, de maintenir la conformité ISO 27001:2022 et d'assurer la résilience et l'efficacité du SMSI face aux évolutions internes et externes.

Merci d'avoir exploré en détail les principes de la norme **ISO 27001:2022** avec nous. La compréhension et l'application des concepts d'un **Système de Management de la Sécurité de l'Information (SMSI)** constituent une étape essentielle pour protéger l'actif le plus précieux de votre organisation : **l'information**.

Que vous soyez une **petite entreprise** ou une **organisation de grande taille**, la mise en place d'un SMSI :

- Garantit la **conformité** aux exigences réglementaires et normatives,
- Favorise une **culture organisationnelle axée sur la sécurité**,
- Renforce la **résilience face aux menaces émergentes**.

Il est important de garder à l'esprit que la **sécurité de l'information est un processus continu**. Elle nécessite :

- un **engagement constant**,
- des **revues régulières**,
- Et une amélioration **continue** pour rester efficace face aux nouveaux risques.

En restant engagé et proactif dans la gestion de la sécurité de l'information, votre organisation pourra non seulement protéger ses actifs critiques, mais également s'adapter et évoluer dans un environnement numérique en constante mutation.

RESTEZ ENGAGÉ, RESTEZ SÉCURISÉ.

www.ingramcontent.com/pod-product-compliance
Lightning Source LLC
LaVergne TN
LVHW070546061026
849580LV00018B/2631
* 9 7 8 3 8 5 2 2 8 1 7 3 5 *